Sami Jelliti

Les propriétés surfaciques d'alliages métalliques

Sami Jelliti

Les propriétés surfaciques d'alliages métalliques

Presses Académiques Francophones

Impressum / Mentions légales

Bibliografische Information der Deutschen Nationalbibliothek: Die Deutsche Nationalbibliothek verzeichnet diese Publikation in der Deutschen Nationalbibliografie; detaillierte bibliografische Daten sind im Internet über http://dnb.d-nb.de abrufbar.

Information bibliographique publiée par la Deutsche Nationalbibliothek: La Deutsche Nationalbibliothek inscrit cette publication à la Deutsche Nationalbibliografie; des données bibliographiques détaillées sont disponibles sur internet à l'adresse http://dnb.d-nb.de.

Coverbild / Photo de couverture: www.ingimage.com

Verlag / Editeur:
Presses Académiques Francophones
ist ein Imprint der / est une marque déposée de
AV Akademikerverlag GmbH & Co. KG
Heinrich-Böcking-Str. 6-8, 66121 Saarbrücken, Deutschland / Allemagne
Email: info@presses-academiques.com

Herstellung: siehe letzte Seite /
Impression: voir la dernière page
ISBN: 978-3-8381-7608-6

utc
Université de Technologie
Compiègne

Projet de Thèse

Pour l'obtention du grade de

Docteur de l'Université de Technologie de Compiègne

Spécialité : Mécanique Avancée

Par : Sami JELLITI

Etude des performances mécaniques surfaciques d'alliages métalliques par traitement duplex Nanostructuration-Nitruration ionique pour applications biomédicales (prothèses orthopédiques).

Soutenue le : 03 juillet 2012

Devant le jury composé de :

M. Leroy R., Maître de Conférences HDR, Polytech'Tours (Rapporteur)

M. Mischler S., Maître d'enseignement et de recherche, EPFL Suisse (Rapporteur)

Mme. Retraint D., Professeur des Universités, UTT (Examinateur)

M. Moulin G., Professeur des Universités, UTC (Examinateur)

Mme. Richard C., Professeur des Universités, Polytech'Tours (Directeur)

Invités :

Mme. Demangel C., Ingénieur R&D, CRITT MDTS

M. Landoulsi J., Maître de Conférences, Université Pierre et Marie Curie

Mme. Le Manchet S., Ingénieur R&D Arcelor Mittal - Le creusot

Résumé

En matière de protection des biomatériaux contre la corrosion et l'usure plusieurs démarches sont possibles : changer l'environnement chimique et les conditions d'utilisation, changer le matériau ou encore modifier ses propriétés. Les deux premières options nécessitent la révision complète d'un ensemble conceptuel et peuvent donc engendrer de nouvelles difficultés et des coûts supplémentaires. La troisième approche, qui consiste à modifier les propriétés superficielles du biomatériau, est la solution la plus simple à mettre en œuvre, car elle vise à adapter le biomatériau aux différentes contraintes de son environnement et nécessite donc un investissement moins important.

Dans le but d'améliorer les propriétés superficielles mécaniques (dureté, rugosité…), chimique (résistance à la corrosion) et tribologique (résistance à l'usure) des biomatériaux, il a été décidé de mettre en place un traitement de nanostrucruration SMAT (Surface Mechanical Attrition Treatment).

Des observations microscopiques ont révélé la présence d'une couche nanostructurée sur la surface de l'alliage de titane Ti6Al4V et l'acier inoxydable 316L. Les essais expérimentaux électrochimiques montrent une amélioration de la résistance à la corrosion des biomatériaux utilisés notamment pour l'alliage de titane. Ainsi, des propriétés électrochimiques ont été mises en évidence grâce aux essais de corrosion (suivi de potentiel libre, courbes de polarisation, diagrammes d'impédances…) associés à des observations microscopiques (MEB) et des analyses XPS. Par le biais de cette technique, nous avons pu apprécier la qualité et l'importance de la couche sur la surface qui est un paramètre fondamental pour la détermination de comportement de corrosion des biomatériaux.

Dans une deuxième partie, un traitement duplex SMAT-Nitruration a été appliqué sur le Ti6Al4V. Une amélioration plus significative des propriétés anticorrosion a été observée sur l'alliage de titane SMATé et nitruré.

Dans une dernière partie, nous avons abordé les propriétés mécaniques surfaciques (dureté, rugosité) des biomatériaux après SMAT. Les profils de rugosité ont augmenté et les valeurs de dureté présentent un maximum prés de l'extrême surface traitée. Des tests de fretting ont été effectués sur les différents échantillons. Le traitement SMAT permet de réduire légèrement le coefficient de frottement et diminuer la perte de masse.

Résumé

Abstract

In terms of biomaterials protection against corrosion and wear, several approaches are possible: modify the chemical environment and operating conditions, change the material or also modify its properties. The first two options require a complete revision of a conceptual set and can therefore lead to new difficulties and additional costs. The third approach, which consists on modifying the biomaterial's surface properties, is the simplest to implement as it aims to adapt the biomaterial to the different constraints of its environment and therefore requires a smaller investment.

In order to improve the mechanical surface properties (hardness, roughness...), chemical proprieties (corrosion resistance) and tribological proprieties (wear resistance) of biomaterials, it was decided to set up a nanostructuring treatment SMAT (Surface Mechanical Attrition Treatment).

Microscopic observations revealed the presence of a nanostructured layer on the surface of the titanium alloy Ti6Al4V and 316L stainless steel. The electrochemical experimental results showed an improvement in the corrosion resistance of used biomaterials in particular for the titanium alloy. Thus, electrochemical properties have been demonstrated through corrosion tests (monitoring free potential, polarization curves, impedance diagrams ...) associated with microscopic observations (SEM) and XPS analyses. Through this technique, we could appreciate the quality and extent of the layer on the surface which is a fundamental parameter for determining the corrosion behavior of biomaterials.

In the second part, a duplex SMAT-nitriding treatment was applied on Ti6Al4V. More significant improvement of corrosion properties was observed on the SMATed and nitrid-treated titanium alloy.

In the last section, we addressed the surface mechanical properties (hardness, roughness) of biomaterials after SMAT. The roughness profiles have increased and hardness values showed a maximum near the outermost treated surface. Fretting tests were performed on different samples. SMAT treatment slightly reduces the coefficient of friction and decreases the mass loss.

Remerciements

Remerciements

Le travail présenté dans ce mémoire a été réalisé au sein du laboratoire Roberval de l'Université de Technologie de Compiègne (UTC) sous la direction du Professeur Caroline Richard. Je tiens à lui rendre un respectueux hommage pour ses encouragements, ses nombreux conseils et la confiance qu'elle a su me faire pour mener à bien cette thèse. Je la remercie pour sa disponibilité, ses qualités humaines et le soutien qu'elle m'a apporté en me faisant profiter de ses compétences et de son enthousiasme.

Je suis particulièrement sensible à l'honneur que m'a fait Monsieur G. Moulin, Professeur à l'Université de Technologie de Compiègne en acceptant de présider le jury de soutenance.

Je remercie également les rapporteurs de cette thèse Monsieur S. Mischler, Professeur à l'Ecole Polytechnique Fédérale de Lausanne et Monsieur R. Leroy, maître de conférences à Polytech Tours pour l'intérêt qu'ils ont porté à mon travail. Je tiens également à remercier Madame D. Retraint, Professeur à l'Université de Technologie de Troyes pour sa participation au jury de soutenance en tant qu'examinateur.

Cette thèse a bénéficié d'une collaboration avec l'université de technologie de Troyes (UTT) et le CRITT-MTDS à Charleville Mézières. Je remercie chaleureusement Madame D. Retraint, la directrice du projet NANOSURF, pour m'avoir accueilli avec beaucoup de gentillesse au sein de son laboratoire et pour m'avoir permis d'utiliser nombres des équipements présents. Plus généralement, je remercie l'ensemble du laboratoire LASMIS et plus particulièrement les doctorants ainsi que Monsieur Claude Garnier, assistant professeur, pour l'aide et les précieux conseils qu'ils m'ont apporté au cours de mon séjour. Je garderai un souvenir agréable de ce séjour et des gens que j'ai pu rencontrer.

Je remercie aussi très vivement Madame C. Démangel, pour avoir consacré une partie de son temps à caractériser mes échantillons et pour les analyses de spectroscopie de photoélectron X (XPS).

Je tiens également à remercier tous les membres du laboratoire Roberval qui ont su répondre à certaines de mes questions et qui m'ont permis de travailler dans une ambiance chaleureuse. En particulier, je pense à G. Favergeon, P. E. Mazeron, A. Jourani et F. Nadaud qui m'ont aussi permis de participer à leurs activités d'enseignement.

Enfin, je remercie mes camarades de bureau, Badr et Zayneb pour leur sympathie ainsi que l'ensemble des doctorants (Hind, Zico, Ziad, Hassen...) avec qui j'ai pu partager de nombreuses discussions, voire quelques bonnes soirées et de nombreux cafés qui à leurs façon ont participé au bon déroulement de cette thèse.

Remerciements

Il y a certaines personnes qui méritent un remerciement spécial : celles qui ont été à mes côtés dans les moments les plus durs et celles qui ont créé et partagé tant de si bons souvenirs avec moi. Ce sont souvent les mêmes. Je les remercie de croire en moi lorsque j'ai de la difficulté à croire en moi-même. A tout ce beau monde je dis un GROS MERCI : mon entourage familial et Mes amies de toujours : Fethi, Jaafer, Khalifa, Hamdi, Johan, Mohamed, mehdi...

Table des matières

Chapitre III: Essais électrochimiques des biomatériaux après SMAT

Chapitre IV: Comportement en corrosion du Ti6Al4V après un traitement duplex SMAT-Nitruration

Chapitre V: Essais mécaniques et tribologiques

Introduction Générale

Introduction générale

De nos jours, nous sommes sans cesse à la recherche de nouveaux matériaux toujours plus performants permettant d'apporter aux composants des propriétés améliorées. De très nombreuses propriétés d'emploi des matériaux sont liées à leurs surfaces. La résistance à la corrosion et à l'oxydation, les propriétés tribologiques telles que la résistance à l'usure et la résistance au frottement, les propriétés d'assemblage telles que l'adhésion et l'aptitude au frottement sont largement conditionnés par l'état de surface des matériaux.

En effet, les ruptures des pièces mécaniques s'amorcent principalement en surface. La plupart de ces ruptures, qu'elles interviennent par fatigue, par friction, par usure ou encore par corrosion, sont hautement sensibles à la structure et aux propriétés de surface du matériau. Une optimisation de la structure et des propriétés de la surface peut donc apparaître comme un moyen efficace pour renforcer le comportement global des matériaux.

Plusieurs solutions ont été proposées afin de protéger les biomatériaux contre la corrosion et l'usure. Une première démarche consiste à changer l'environnement chimique ou changer le matériau. Néanmoins, ces deux options nécessitent la révision complète d'un ensemble conceptuel et peuvent donc engendrer des nouvelles difficultés ainsi que des coûts élevés. Une autre option est envisagée qui consiste à modifier les propriétés du biomatériau. Cette approche est la solution la plus adéquate à mettre en œuvre, car elle vise à adapter le matériau aux différentes contraintes de son environnement et nécessite donc un investissement relativement faible.

Dans le but d'améliorer les propriétés superficielles mécaniques (dureté, rugosité…), chimiques (résistance à la corrosion) et tribologiques (résistance à l'usure) des biomatériaux, il a été décidé de mettre en place un traitement mécanique de nanostructuration. Cette solution innovatrice consiste à renforcer les performances des matériaux par nanostructuration. Depuis le milieu des années 90, des recherches ont été menées pour réaliser des nanostructures à la surface des matériaux à microstructure normale. La genèse d'une couche superficielle nanostructurée permet de renforcer considérablement les propriétés physico-chimiques, mécaniques et annihile, ou au moins retarde, l'amorçage de la dégradation. Par exemple, une couche nanostructurée de 30 μm d'épaisseur sur chaque face d'une éprouvette d'acier inoxydable austénitique de 1 mm d'épaisseur permet de doubler la limite d'élasticité macroscopique, donc globale, du matériau. Quant à la limite d'élasticité de la seule couche nanométrique obtenue, elle est 4,7 fois plus importante que celle du métal sans traitement.

Introduction générale

D'autres travaux ont montré que les matériaux nanostructurés ont des propriétés extraordinaires en ce qui concerne, par exemple, la dureté, la résistance à l'usure ou encore les propriétés électrochimiques par rapport aux mêmes matériaux non nanostructurés (à gros grains). Certaines propriétés physiques comme les propriétés magnétiques et la diffusion sont aussi améliorées.

Par ailleurs, la nitruration assistée par plasma (traitement de diffusion de l'azote dans les couches superficielles d'un matériau) a montré son intérêt en termes de résistance à la corrosion (retard de l'amorçage de piqûre par la présence d'azote) et de résistance à l'usure. Cette dernière caractéristique d'usage est due à une grande dureté grâce aussi à la présence de l'azote. Un tel traitement, classique, requiert généralement une température supérieure à 500°C pendant des durées allant de 20 à 80 heures pour les aciers inoxydables austénitiques, par exemple. Pour les alliages de titane, la température de traitement est de l'ordre de 500 à 700°C. Des essais de faisabilité sur la nitruration ionique ont montré tout l'intérêt potentiel de combiner les traitements de nitruration ionique et de nanostructuration de la surface des matériaux. Ainsi, la température du traitement thermochimique, pour un acier inoxydable austénitique, est alors abaissée à 350°C. Par la suite, on obtient une structure qui présente de bonnes performances mécanique. On constate donc, grâce à ce procédé duplex, que l'économie d'énergie réalisée peut être appréciable. L'abaissement de la température permet également d'éviter des distorsions géométriques des pièces traitées et donc une meilleure qualité de production

L'objectif recherché dans ce travail est de montrer qu'un traitement de déformation plastique sévère permet l'amélioration des propriétés de résistance à la corrosion et à l'usure des biomatériaux utilisés pour les applications biomédicales.

Dans le présent travail, il a été choisi d'utiliser le traitement SMAT (Surface Mechanical Attrition Treatment). Ce traitement permet la génération de déformations plastiques sévères à la surface des matériaux par action de billes excitées sous haute fréquence. Ce traitement sera utilisé conjointement avec un traitement de nitruration ionique. Cette technique de nitruration est réalisée grâce à un procédé plasma radiofréquence d'azote. Ainsi, un traitement duplex nanostructuration-nitruration sera appliqué sur l'alliage de titane Ti6Al4V.

Ce mémoire comporte cinq chapitres repartis comme suit :

Le premier chapitre de ce manuscrit est consacré à une synthèse de l'état de l'art sur les différents biomatériaux utilisés dans le domaine biomédical. La dernière partie de ce chapitre sera consacrée aux comportements de quelques biomatériaux après un traitement mécanique et/ou chimique.

Introduction générale

Le second chapitre regroupe les caractéristiques des biomatériaux utilisés dans notre étude (l'alliage de titane Ti6Al4V, l'acier inoxydable 316L et l'alliage cobalt-chrome), les descriptifs du procédé de grenaillage (SMAT) et le dispositif de nitruration ionique. Il est complété par les détails des protocoles de préparation des échantillons, des paramètres opératoires des techniques de caractérisations employées, des traitements de données associés, les techniques électrochimiques et les méthodes de caractérisation de surface mises en œuvre.

Dans le troisième chapitre, nous présenterons les résultats de la caractérisation des couches superficielles issues du traitement SMAT. Nous commencerons par l'évolution microstructurale des biomatériaux traités. Ensuite, l'évaluation des propriétés anticorrosion par différentes techniques sera présentée. On mettra l'accent sur l'influence de la couche formée après SMAT sur les propriétés anticorrosion. Ceci est réalisé par des techniques électrochimiques telles que, le suivi de potentiel libre, les courbes de polarisation potentiodynamiques et les diagrammes d'impédance. Des analyses XPS seront utilisées pour donner des informations complémentaires concernant la composition chimique de la surface SMATée.

Dans le quatrième chapitre, nous nous intéressons à l'alliage de titane Ti6Al4V. Le traitement duplex SMAT-Nitruration sera appliqué à la surface de ce biomatériau. Une étude électrochimique complète sera réalisée afin de déterminer l'influence de ce traitement sur le comportement en corrosion du Ti6Al4V. Des analyses XPS seront également effectuées afin de déterminer la composition chimique des films passifs formés à la surface des échantillons traités de l'alliage Ti6Al4V.

Enfin, le dernier chapitre de ce manuscrit nous permettra d'aborder les propriétés tribologiques des biomatériaux étudiés. Celles-ci ont été menées grâce à des essais tribométriques de type « pion-disque » dans une solution de Ringer couplés à des observations microscopiques et des analyses chimiques par EDX. Nous présenterons l'évaluation du comportement mécanique par la microdureté Vickers et par nanoindentation. Des profils de rugosités des biomatériaux traités seront également analysés. Une dernière partie de ce chapitre sera consacrée au développement d'un tribocorrosimètre dont on précisera son mode de fonctionnement ainsi que ses avantages.

Une conclusion générale clôt ce mémoire en faisant ressortir les principaux résultats de l'étude. Des perspectives générales à donner à cette étude sont également proposées.

Introduction générale

Chapitre I :

Etude bibliographique

I.1 Introduction :

Le domaine des biomatériaux a gagné sa reconnaissance après la première réunion tenue sur les biomatériaux à l'université de Clemson, Caroline du Sud en 1969 et depuis, ce domaine continue à recevoir une attention considérable.

Il ne peut sans doute pas exister une définition totalement satisfaisante des biomatériaux. La conférence de Chester de la société européenne des biomatériaux, dite conférence du consensus a, en 1986 retenu la définition suivante : "matériaux non vivants utilisés dans un dispositif médical destiné à interagir avec les systèmes biologiques".

Autrement, les biomatériaux sont des matériaux artificiels ou naturels, utilisés dans la fabrication de structures ou implants, pour remplacer une structure biologique d'un patient afin de rétablir la forme et la fonction. Ainsi, les biomatériaux permettent d'améliorer la qualité de la vie et la longévité des êtres humains. Le domaine des biomatériaux a connu une croissance rapide pour répondre aux demandes d'une population vieillissante.

Les biomatériaux sont utilisés dans des différentes parties du corps humain comme les valves artificielles dans le cœur, le remplacement des implants dans les épaules, les genoux, les hanches, les coudes ou encore les structures dentaires [Ramakrishna, 2001] [Wise, 2000] [Park, 2003].

Parmi tous ceux-ci, le nombre des implants utilisés pour le remplacement de la hanche et le genou est extrêmement élevé. Les articulations humaines qui souffrent des maladies dégénératives comme l'arthrite peuvent mener à la douleur ou à la perte de la fonction. Les maladies dégénératives mènent à la dégradation des propriétés mécaniques de l'os due à un chargement excessif ou à l'absence de processus biologique d'autoguérison normal. Il a été estimé que 90 % de la population mondiale âgée de plus de 40 ans souffrent de ces types de maladies dégénératives. Cette population âgée de plus de 40 ans a considérablement augmenté au cours de ces dernières années. En effet, on estime que l'augmentation était de huit fois pendant la dernière décennie [Kurtz, 2007].

Les troubles musculaires et osseux consistent le problème le plus répandu de la santé humaine, qui coûte environ autour de 254 milliards de dollars. Les biomatériaux artificiels sont la solution pour ces problèmes, comme l'implantation chirurgicale des implants artificiels de formes appropriées qui aident à rétablir le fonctionnement de ces structures. Parmi les prothèses les plus utilisées actuellement, on note les prothèses totales de hanche (PTH).

Chapitre I

Au cours de ces dernières années, la demande des nouveaux implants durables a subi une augmentation importante comme le montre les données collectées sur la chirurgie de remplacement des articulations. On estime que vers la fin de 2030, le nombre des interventions des prothèses totales de hanche aux états unis va augmenter de 174 % (572000) et les prothèses totales du genou vont croître de 673 % du taux actuel (3,48 millions) [Kurtz, 2007].

La raison de remplacements des articulations est attribuée à des maladies comme l'ostéoporose (l'affaiblissement des os), l'arthrose (la dégénérescence du cartilage des articulations) et les traumatismes. En raison de la croissance du nombre des opérations des chirurgies de remplacement, la révision chirurgicale des implants de hanche et de genou ont également augmenté. Ces chirurgies de révision qui causent la douleur pour le patient, sont très coûteuses et leur taux de réussite est très faible.

Vu l'augmentation du nombre des interventions chirurgicales pour le remplacement des prothèses de hanche et de genou, on s'attend ainsi à une croissance très élevée dans la fabrication des implants dans les prochaines années. Cette demande des implants est toujours croissante, donc il est impératif que les efforts de développement sur les biomatériaux soient accélérés. Les matériaux utilisés pour les implants orthopédiques doivent posséder une biocompatibilité excellente, une bonne résistance à la corrosion dans l'environnement de corps humain, une excellente combinaison de haute résistance et de faible module de Young, une haute résistance à la fatigue et à l'usure, une haute ductilité et être sans toxicité [Long, 1998] [Wang, 1996].

Actuellement, les matériaux les plus utilisés pour ces applications sont les alliages à base de titane, l'acier inoxydable 316L et l'alliage cobalt chrome. Malheureusement, ces matériaux présentent quelques inconvénients après l'utilisation à long terme pour des raisons diverses telles que le module d'élasticité du matériau comparé à celui de l'os et une faible résistance à l'usure. On peut citer encore une autre raison acceptable de l'augmentation du nombre des révisions chirurgicales, cette raison réside dans l'espérance de vie qui est de plus en plus élevée dans le monde. Pendant les années 90, des opérations de remplacement ont été effectuées sur des patients de moins de 65 ans et de là la longévité des implants orthopédiques était d'environ 15 ans [Aaos, 2003].

Cependant, le scénario a changé maintenant, en raison des avancements dans la technologie biomédicale. Ainsi, les implants sont désormais censés servir pendant une période beaucoup plus longue ou jusqu'à la durée de fonctionnement sans une révision chirurgicale. Le développement des biomatériaux appropriés avec une grande longévité et une excellente résistance à la corrosion et à l'usure est donc très essentiel.

Dans la suite, une étude sera faite sur l'ensemble des divers aspects des alliages de titane, des aciers inoxydables et des alliages chrome cobalt. Ces biomatériaux présentent un choix idéal pour les applications biomédicales notamment pour les prothèses de hanche.

La partie suivante est divisée en plusieurs sections, commençant avec les exigences devant être remplies par les biomatériaux, le statut des matériaux biomédicaux actuels et leurs limitations, des corrélations de propriété de structure, l'usure et les propriétés de corrosion d'alliages biomédicaux et leurs remèdes, des modifications superficielles exigées pour une haute résistance à la corrosion et à l'usure.

I.2 Les matériaux utilisés en biomédical ; étude des propriétés :

Dans ce paragraphe, des études sur le comportement des différents biomatériaux, notamment les alliages de titane, les aciers inoxydables et les alliages de cobalt-chrome, sont présentées. Nous nous intéressons à leurs propriétés microstructurales, électrochimiques et tribologiques.

I.2.1 Les alliages de titane :

I.2.1.1 Propriétés microstructurales :

Le titane existe en deux formes allotropiques. A basse température, il a une structure cristalline hexagonale compacte, que l'on connaît généralement sous le nom α, tandis qu'au-dessus de 883°C, il possède une structure cubique, désignée β. La température de transformation de titane pur de la phase α à β augmente ou diminue suivant la nature des éléments d'alliages. Ces éléments d'alliages comme (Al, O, N, etc) qui ont une tendance à stabiliser une phase α, sont appelés des stabilisateurs alpha et l'addition de ces éléments augmentent la température du transus bêta, tandis que les éléments qui stabilisent la phase bêta sont (V, Mo, Nb, Fe, Cr, etc) et l'addition de ces éléments diminue la température du transus bêta.Certains éléments n'ont pas d'effet sur la stabilité des phases α et β, mais ils forment des solutions solides avec le titane. Ils sont désignés comme des éléments neutres (Zr et Sn). Cependant, les travaux effectués par Geetha et Al. [Geetha, 2001] et Tang et Al. [Tang, 2000] ont montré que le l'addition de Zr stabilise la phase β pour de l'alliage Ti-Zr-Nb.

Les phases α et β forment aussi la base pour la classification des alliages de titane. Des alliages ayant seulement des stabilisateurs α et composés entièrement d'une phase α sont connus comme des alliages α. Les alliages de titane contenant 1-2 % de stabilisateurs β et environ 5-10 % de phase β sont désignés comme des alliages prés α. Les alliages contenant des quantités plus importantes des stabilisateurs β qui aboutissent à 10-30 % de phase β sont connus sous le nom des alliages α+β. Les alliages avec toujours des quantités élevées des stabilisateurs β, où la phase β peut être conservée par un refroidissement rapide, sont désignés par les alliages β métastable. La plupart des alliages de titane biomédicaux appartiennent aux alliages α+β ou β métastable.

L'alliage Ti6Al4V reste généralement le plus utilisé dans le domaine biomédical et il est souvent utilisé dans l'état recuit. Les structures α+β traitées ont une dureté plus élevée, une ductilité plus importante et un meilleur comportement en fatigue oligocyclique. En général, la dureté d'un alliage augmente avec l'augmentation des stabilisateurs de la phase bêta. On montre un exemple typique de l'effet d'oxygène sur les propriétés mécaniques de l'alliage de titane Ti6Al4V dans le tableau I.1. La chimie d'alliage et le constituant structurel semblent avoir l'influence significative aussi sur le module élastique des alliages [Teoh, 2000].

Oxygen content/microstructure	YS (MPa)	UTS (MPa)	EL (%)	RA (%)	K_{IC} (MPa/m$^{1/2}$)
0.15-0.2%, equiaxed	951	1020	15	35	61
0.15-0.2%, lamellar	884	949	13	23	78
0.13 Max equiaxed	830	903	17	44	91
0.18-0.2% equiaxed	1068	1096	15	40	54

Tableau I .1 : *Propriétés mécaniques de l'alliage Ti6Al4V avec différents pourcentages d'oxygène* [Teoh, 2000].

Puisque le module élevé d'un alliage de titane α+β dévalorise des propriétés telles que la résorption de l'os et le desserrage de l'implant, les alliages de module inférieur qui conservent une seule phase β attire beaucoup d'intérêt. En outre, les études théoriques de Song et Al [Song, 1999] ont montré que Nb, Zr, Mo et Ta sont les éléments d'alliages les plus appropriés qui peuvent être ajoutés pour diminuer le module d'élasticité de titane sans compromettre sa dureté. Il est aussi intéressant de noter que ces éléments appartiennent à la catégorie d'éléments non-toxiques, qui les rendent plus appropriés pour des applications biomédicales [Li, 2004]. Basé sur ces considérations, les alliages de titane biomédicaux développés consistent récemment principalement aux éléments Ti, Nb, Ta et Zr. Des alliages comme Ti-29Nb-13Ta-4.6 Zr, Ti–35Nb–7Zr–5Ta ont eu une attention considérable et plusieurs recherches sont actuellement poursuivies [Tang, 2000] [Niinomi, 1998] [Mishra, 1996]. Des alliages bêta métastables qui sont développés dans le passé incluent Ti-Mo-6Zr-2Fe (TMZF) [Wang, 1993], Ti-15Mo-5Zr-Al [Steinemann, 1993], Ti-15Mo-3Nb-3O TIMETAL 21SRx [Fanning, 1996] et Ti-13Nb-13Zr [Mishra, 1993].

Chapitre I

Des recherches sont menées sur des alliages bêta pour comprendre l'effet des éléments d'alliage, des paramètres de traitement et des procédures de traitement thermique sur les aspects divers comme les transformations de phase, l'évaluation de microstructures, le module d'élasticité et le comportement de déformation, etc. L'objectif principal de tous ces travaux est de développer des alliages biomédicaux avec les propriétés exigées qui augmenteront la durée de vie des implants.

Il est important de noter que le traitement thermomécanique des alliages bêta pour des applications biomédicales n'a guère reçu d'attention et le premier rapport qui traite l'effet de traitement thermomécanique sur le développement de la structure équiaxe dans l'alliage Ti-13Nb-13Zr est venu du travail de Geetha et Al. [Geetha, 2001]. De plus, leur travail a consisté au développement en structure équiaxe sur deux autres nouveaux alliages de titane près β (Ti-13Nb-20Zr et Ti-20Nb-20Zr) obtenue selon des procédures thermomécaniques appropriées. La sélection du traitement approprié pour les alliages Ti-13Nb-20Zr et Ti-20Nb-20Zr a abouti à une parfaite structure équiaxe dans ces alliages.

La présence de Nb dans ces alliages a permis de traiter ces alliages à basses températures, qui ont mené à la formation d'une structure équiaxe excellente [Geetha, 2004]. Les concentrations des éléments d'alliages ont été choisies pour être inférieures de 20 % de poids, puisque une augmentation peut conduire à accroître la précipitation de phase comme dans le cas de la phase oméga, qui augmente la dureté et le module de l'alliage.

Le module d'élasticité des alliages β dépend de la quantité de la phase bêta dans la structure. Le vieillissement des alliages bêta conduit à l'augmentation de la dureté et du module en raison de la précipitation de la phase α. Cependant, la présence de cette phase α n'est pas toujours associée aux augmentations de la dureté et du module.

L'origine de la phase α et des autres caractéristiques microstructurales décide également les propriétés du matériau. Par exemple, le vieillissement de Ti-34Nb-9Zr-8Ta (TNZT) aboutit à une dureté et un module faibles et ceci a été attribué à la dissolution de la phase B2 [Nag, 2005]. La phase B2 dans des conditions homogénéisées possède une plus grande dureté que l'état vieilli.

Contrairement à cela, dans l'alliage TMZF (Ti-13Mo-7Zr-3Fe), la dureté et le module augmentent par vieillissement en raison de la précipitation de α. De façon intéressante, dans le cas d'un autre alliage Ti-15Mo, la dureté a diminué et le module a augmenté [Kuroda, 2001] et cette diminution de la dureté est due à l'absence de la phase nanométrique ω en vieillissement. L'augmentation du module est due à la fraction volumique élevée de la phase α.

L'alliage de titane β (Ti-29Nb-13Ta-4.6Zr) à faible module développé par le groupe japonais [Kuroda, 2001] est annoncé comme un excellent candidat pour les applications biomédicales dont le module est 65 GPa. De plus, les études de biocompatibilité de cet alliage montrent un bon contact avec l'os et son cytotoxicité est égale à celle de titane pur.

I.2.1.2 Usure des alliages de titane :

La majorité des prothèses de hanche sont faites de tête métallique et de cupule en polymère. Entre 10-20 % de ces prothèses doivent être remplacées dans les 15-20 ans [Charnley, 1973] [Harty, 1982]. Les interventions sur les prothèses totales de hanche sont effectuées sur plus de 3,5 millions de personne aux USA, suivies par les prothèses de genou de plus de 2,5 millions [Scholes, 2000]. Comme les patients sont de plus en plus jeunes, la durée de vie limitée des prothèses de hanche devient une préoccupation croissante pour la communauté médicale. L'amélioration de la fixation et les caractéristiques d'usure des composants des prothèses de hanche est un axe majeur de la recherche orthopédique. La raison de l'endommagement de l'implant est la libération des débris d'usure dans les tissus qui aboutit à la résorption osseuse, ce qui mène finalement au desserrage de l'implant (Figure I.1). En conséquence de ce processus de desserrage, l'implant doit être remplacé. La chirurgie de révision n'est pas seulement chère, mais son taux de réussite est minimale comparée à la première implantation.

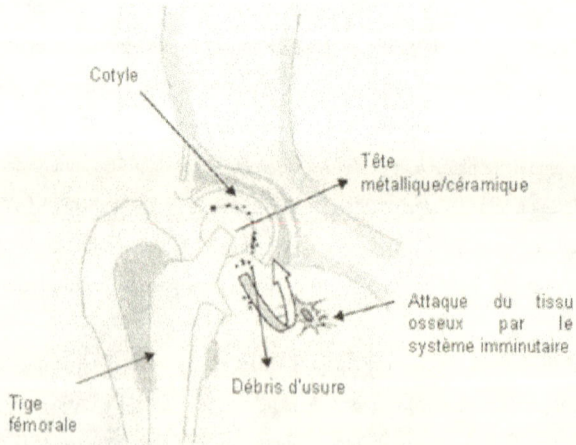

Figure I.1 : Usure dans une prothèse de hanche.

Chapitre I

En outre, la présence des particules étrangères telles que les particules de ciment, de métal ou de l'hydroxyapatite provenant des revêtements aggrave la production de débris d'usure à l'interface. Des études sur des patients qui ont reçu des prothèses totales de hanche ou de genou ont démontré que l'accumulation des particules d'usure dans le foie, la rate ou des ganglions lymphatiques abdominaux est très fréquente chez ces patients. Les articulations du genou qui fonctionnent comme des roulements chargés dynamiquement sont soumises à 10^8 cycles pour une durée de vie de 70 ans [Geetha, 2009].

Le coefficient de frottement moyen des articulations synoviales portant une charge comme la hanche ou le genou est environ 0,02 et le taux d'usure est environ 10^6 mm^3/N [Geetha, 2009]. D'autre part le coefficient de frottement pour les matériaux de l'implant varie entre 0,16 à 0,05 selon les matériaux qui sont en contact et le type de lubrifiant utilisé pour le test. Le type le plus commun des prothèses de hanche comprend la tête fémorale contre le polyéthylène (UHMWPE). Des études ont été effectuées sur des têtes fémorales en alliage cobalt chrome (Co-Cr), acier inoxydable 316L et alliage de titane (Ti-6Al-4V) ; il a été montré que la tête fémorale en alliage de titane avait présenté l'usure maximale faisant la moyenne de 74,3 % contre le polyéthylène [Geetha, 2009].

En outre, des hautes concentrations métalliques ont été trouvées dans les tissus prélevés sur la région autour des prothèses en alliage de titane, tandis que, le niveau des débris métalliques était faible dans les tissus entourant le CoCr qui étaient articulés contre le polyéthylène [Margaret, 2000]. Afin de remédier à cette usure qui conduit à la chirurgie de révision, il y a eu un effort continu de remplacer le matériau de la cupule (polymère) par un métal ou céramique. Ainsi, les problèmes à long terme associés aux débris d'usure d'UHMWPE ont conduit à explorer la possibilité de l'utilisation de métal (pour le cotyle) sur des prothèses métalliques. Les prothèses de type métal-métal produisent des volumes d'usure de 20 à 100 fois plus faible par rapport au contact métal-polyéthylène [McCalden, 1995]. Il a été montré que la réaction biologique aux particules métalliques in vivo est manifestement différente à celle produite par des débris d'usure d'UHMWPE et les réactions inflammatoires causées par le métal sont plus faibles [Tipper, 1999]. Cependant, il a également été observé que les prothèses avec un contact métal sur métal présentent des couples de friction importantes par rapport aux prothèses avec un contact métal-polymère.

Bien que le titane et ses alliages soient des matériaux de choix pour l'implantation, en raison de leurs nombreuses caractéristiques favorables mentionnées précédemment, son application dans des surfaces articulaires reste quelque peu limité en raison de ses mauvaises propriétés tribologiques. Ces propriétés tribologiques faibles de titane sont dues à une faible résistance au cisaillement plastique et une faible protection induite par les oxydes superficiels [Jun, 2004]. Bien que la combinaison Ti6Al4V/UHMWPE soit utilisée dans les prosthèses de hanche, le taux d'usure du couple d'UHMWPE avec Ti6Al4V est 35 % plus élevé que celui avec l'alliage Co-Cr dans un test de simulation du mouvement de la hanche. Ce taux d'usure élevé d'UHMWPE est attribué à l'instabilité mécanique de la couche d'oxyde.

En outre, l'usure de tête fémorale en Ti6Al4V est observée en raison de la présence de corps étrangers dans la composante en UHMWPE. Les oxydes superficiels jouent ainsi un rôle important dans l'influence du comportement d'usure et l'optimisation de propriétés superficielles d'oxyde. Une modification chimique de la surface peut atténuer ce problème. En plus des caractéristiques superficielles, une grande déformation se produisant près de la zone superficielle pendant l'usure est aussi très importante. Le processus qui se produit pendant l'usure est décrit en détail par Long et Al. [Long, 2005].

Les tests de frottement sur deux alliages α+β (Ti6Al4V, Ti-5V-3Al-3Cr-3Sn) et un alliage β (Ti-15V-3Al-3Cr) en air ont conduit à la formation des particules et à une structure tribologique transformée qui consistait en grains de α-Ti très fins (20-50 nm diamètre).

Les particules résultantes d'usure se sont oxydées rapidement à l'interface menant à l'usure abrasive de troisième corps. Des études d'usure sur les alliages Ti6Al4V, Ti-5Al-2.5Fe, Ti-13Nb-13Zr et des alliages de Co-28Cr-6Mo contre une bille d'acier dans la solution de Hanks ont montré que le coefficient de frottement était faible pour l'alliage Ti-5Al-2.5Fe et très élevé pour le titane pur [Choubey, 2004]. Des études en microscopique électronique à balayage sur les surfaces usées ont montré que l'usure est due à l'abrasion, la déformation plastique et la fissuration. Le comportement d'usure d'un matériau est fortement dépendant de facteurs divers comme la charge, la vitesse, le type de déplacement et le matériau en contact [Long, 2003].

Le comportement de déformation surfacique change avec le chargement de contact ; du maclage pour un faible chargement jusqu'au glissement pour un chargement élevé. Des études des surfaces d'usure ont révélé trois zones distinctes, une couche tribologique chimiquement changée, une zone de cisaillement plastique et une zone de déformation plastique. En outre, quand la surface d'usure a été examinée en utilisant le microscope électronique à transmission (MET), les intersections entre des bandes de glissement avec d'autres bandes augmentent quand la déformation augmente. Ces régions d'intersections de bandes de glissement ne peuvent pas dissiper l'énergie de déformation et deviennent des sites de formation des microfissures.

Les alliages de titane avec un pourcentage élevé de niobium (Nb) sont très avantageux en ce qui concerne l'usure comme Nb_2O_5 qui possède des très bonnes propriétés lubrifiantes [Peterson, 1992] [Peterson, 1989] et cela est du au fait que le niobium se repassive plus rapidement et le film passif semble rester plus long comparé à un alliage à faible quantité de Nb [Long, 1998]. L'enthalpie de formation d'élément Nb avec l'oxygène est beaucoup plus élevée que celui de V ou Al, alors l'alliage Ti-35Nb-7Zr-5Ta est plus résistant à l'usure que l'alliage Ti6Al4V.

Le développement des matériaux nanostructurés est actuellement poursuivi vu que ces matériaux présentent des propriétés tribologiques intéressantes. L'alliage Ti6Al4V traité par nanocristallisation superficielle est développé actuellement pour des applications biomédicales notamment les prothèses de hanche. Sa structure aux grains très fins lui confère des propriétés mécaniques et tribologiques intéressantes comparée aux biomatériaux à gros grain (voir paragraphe I.4.1).

I.2.1.3 Comportement en corrosion des alliages de titane biomédicaux :

Tous les métaux et les alliages sont soumis à la corrosion quand ils sont en contact avec le liquide physiologique comme dans l'environnement de corps qui est très agressif en raison de la présence d'ions de chlorure et des protéines. Une variété de réactions chimiques se produit sur la surface d'un alliage implanté chirurgicalement. Les composants métalliques de l'alliage sont oxydés à leurs formes ioniques et l'oxygène dissous est réduit aux ions d'hydroxyde.

Malgré la variété des formes de corrosion, le taux d'attaque de corrosion générale est très faible en raison de la présence de films superficiels passifs sur la plupart des implants métalliques qui sont actuellement utilisés. En effet, la corrosion d'un implant est considérablement réduite par la formation d'une couche protectrice formée de plusieurs oxydes sur la surface de l'implant.

Bien que le titane et ses alliages soient très résistants à la corrosion par piqûres dans des différentes conditions rencontrées in vivo, ils subissent la corrosion dans des solutions de fluorure dans des procédures de nettoyage dentaires [Probster, 1992]. La plupart des implants médicaux sont soumis aux charges de basse fréquence qui peuvent mener à la fatigue par corrosion comme des résultats d'une simple marche d'un implant de hanche qui est soumis à un chargement cyclique à environ 1 Hz.

La résistance à la corrosion de fatigue de titane est presque indépendante de la valeur de pH tandis que la résistance à la fatigue par corrosion d'un acier inoxydable baisse au-dessous du pH 4 selon Yu. Et Al [Yu, 1993], la corrosion par piqûres facilite l'initiation de la corrosion par fatigue dans l'acier inoxydable. Ces auteurs montrent aussi que l'implantation d'azote et les procédures de traitement thermique améliorent la résistance à la corrosion par fatigue de l'alliage de Ti6Al4V.

Le fretting-corrosion est très commun dans tous les implants métalliques orthopédiques. Le frottement apparaît à l'interface entre l'os et la tige, l'interface entre le ciment et la tige et sur l'interface entre les composants d'implant. La génération des débris et des particules ioniques par la fracture et l'abrasion des couches protectrices métalliques d'oxyde et leur déposition sur le tissu local a suscité la préoccupation des chercheurs. La préoccupation clinique est en raison des toxicités potentielles connues associées aux éléments utilisés dans des alliages d'implant et des pathologies comme l'inflammation provoquée par les particules et l'hypersensibilité associée à la dégradation d'implant métallique. Le fretting corrosion, qui a lieu au niveau des jonctions modulaires est due, à une échelle relativement petite (entre 1 et 100 μm), au mouvement entre des composants d'implant induit par le chargement cyclique. Pour les prothèses totales de hanche, les encarts coniques sur les tiges fémorales sont faits soit à partir de l'alliage Co-Cr-Mo ou des alliages de titane et les têtes de ces tiges fémorales sont faites des alliages à base de cobalt, de céramique (alumine) ou de la zircone. Bien qu'il y ait un mécanisme mécanique entre la tête fémorale et la tige en raison des micromouvements, le liquide physiologique pénètre dans cette jonction menant au fretting corrosion.

Selon Cabrera et Mott [Cabrera, 1948], la croissance du film d'oxyde dépend de l'amplitude du champ électrique et si le potentiel à travers l'interface diminue alors l'épaisseur de film diminue aussi. Le film d'oxyde devient thermodynamiquement instable si le potentiel d'interface est négatif ou le pH est faible et cela aboutit à la dissolution de la couche d'oxyde. Les caractéristiques de corrosion d'un alliage sont énormément influencées par le film passif formé sur la surface de l'alliage et par la présence des éléments d'alliages.

Les changements structurels du film ou la variation de la conductivité ionique ou électrique du film modifient la résistance à la corrosion du film passif. Dans le cas de l'alliage Ti6Al4V, l'oxyde de vanadium se dissout dans le film passif et aboutit à la génération et à la diffusion des lacunes dans la couche d'oxyde à la surface [Aragon, 1972]. D'autre part, l'ajout de Nb comme un élément d'alliage a un effet de stabilisation sur le film superficiel des alliages à base de titane [Kobayashi, 1998]. L'ajout de Nb améliore également la passivation et la résistance à la dissolution. La résistance à la corrosion améliorée est due de la formation d'oxyde riche en Nb qui est fortement stable dans l'environnement de corps.

Une étude comparative sur le comportement en corrosion de Ti-Ta et l'alliage Ti6Al4V a montré que l'ajout de Ta réduit remarquablement la concentration de libération du métal parce que le film passif Ta_2O_5 plus stable renforce le film passif TiO_2 et possède une meilleure résistance à la corrosion que l'alliage de Ti-6Al-4V.

Le tantale qui a des propriétés chimiques semblables au verre est à l'abri de tous les environnements acides sauf HF [Zhou, 2005]. Ainsi la résistance à la corrosion du film passif dépend énormément de l'élément d'alliage et leurs oxydes formés. Le comportement en corrosion des différents alliages de titane a été étudié dans des environnements différents. Ceci est dû au fait que le pH du corps peut varier de 3,5 à 9 selon l'état de la zone autour de l'implant, blessé ou infecté. Nakagawa et Al ont étudié le comportement en corrosion de Ti-6Al-4V, Ti-6Al-7Nb et Ti-0,2Pd et ils ont observé que l'alliage de titane avec le palladium présente une résistance plus élevé à la corrosion sur une large gamme de pH en raison de l'enrichissement de palladium sur la surface [Nakagawa, 2001]. Les travaux de Khan et Al sur l'usure corrosive des alliages de titane ont montré que le Ti-6Al-7Nb et Ti-6Al-4V possèdent la meilleure combinaison de corrosion et d'usure dans le test de corrosion accéléré in vitro, alors que les alliages Ti-Nb-Zr et Ti-Mo donnent une résistance à la corrosion excellente [Khan, 1999]. La présence de protéines peut également inhiber ou accélérer la corrosion de l'implant dans le corps.

Le comportement de corrosion des trois alliages à savoir Ti-6Al-4V, Ti-6Al-7Nb et Ti-13Nb-13Zr dans une solution en phosphate a révélé que parmi les trois alliages de titane, l'alliage Ti-13Nb-13Zr a été le moins affecté par le changement du niveau pH. La réduction de la dureté due à la corrosion dans la solution de protéine était plus faible pour cet alliage, ce qui explique sa supériorité comparée aux deux autres alliages. La repassivation d'un matériau après la corrosion dans une solution donnée joue aussi un rôle essentiel pour déterminer le comportement de corrosion de l'alliage. Les alliages de titane ont tendance à se repassiver plus rapidement que les aciers inoxydables et d'autres alliages biomédicaux.

La couche repassivée est différente de la couche d'oxyde primaire ; l'incorporation des ions dans cette couche joue un facteur déterminant pour sa résistance à la corrosion. En plus, le film d'oxyde sur la surface est en contact avec les électrolytes et il peut subir la dissolution partielle et la reprécipitation. Ainsi, la composition du film superficiel change avec l'environnement dans lequel il existe [Hanawa, 2003]. Le film superficiel sur la surface de titane qui a été chirurgicalement implanté dans le corps humain est constitué de calcium, phosphore et soufre [Sundgren, 1986] [Espostito, 1999].

Des études de corrosion in vitro dans la solution de Hanks ont révélé la formation de phosphate de calcium sur les alliages Ti-6Al-4V et Ti-56Ni et la formation de seulement le phosphate sans calcium sur des alliages de Ti-Zr [Hanawa, 2003]. La recherche sur les interactions entre le système matériau et le système biologique est relativement nouvelle, par conséquent une étude systématique basée sur la chimie physique et la science de vie est nécessaire pour comprendre la formation du film d'oxyde et de la couche repassivée obtenue sous des différents environnements. La résistance à la corrosion d'un alliage est affectée non seulement par sa composition mais aussi par la microstructure développée. La redistribution des éléments d'alliages pendant le traitement thermique a été trouvé pour influencer la résistance à la corrosion d'un alliage. Dans l'alliage Ti6Al4V, le titane est présent sous forme de TiO_2 et l'aluminium à l'état d'oxydation plus stable Al^{3+} correspondant à Al_2O_3.

En comparant la résistance à la corrosion des deux alliages, Ti-6Al-7Nb et Ti-6Al-4V, il a été constaté que la résistance à la corrosion du premier alliage est plus élevée en raison de la formation de Nb_2O_5, qui est chimiquement plus stable, moins soluble et plus biocompatible comparé à V_2O_5 formé sur l'alliage de Ti-6Al-4V [Thair, 2004].

Plusieurs études de traitement thermique effectuées sur l'alliage Ti-6Al-7Nb ont clairement révélé (la température d'alliage à traiter à 950 °C / refroidi à l'air et vieilli à 550 °C) une meilleure performance de la résistance à la corrosion dans la solution du Ringer [Geetha, 2004]. La résistance à la corrosion élevée de cet échantillon a été attribuée à la formation d'une microstructure duplex qui a conduit à une répartition uniforme des éléments d'alliages. Des études semblables effectuées par Geetha et Al. [Geetha, 2003] ont confirmé que l'alliage de Ti-13Nb-13Zr avec des traitements thermiques possède une exellente résistance à la corrosion.

La simultanéité de l'augmentation et de la diminution du courant dans la région stable qui est notée dans la plupart des alliages de titane, n'a pas été observée dans cet échantillon traité. Le courant stable est attribué à la formation d'une épaisse couche d'oxydes sur la surface qui améliore la résistance à la corrosion. La présence d'éléments d'alliages bénéfiques comme le zirconium et le niobium et leur distribution uniforme dans les trois phases α, β et α'' ont abouti à la haute résistance à la corrosion.

D'après ce qui précède, plusieurs alliages de titane ont été étudiés et développés afin d'améliorer leur résistance à l'usure et à la corrosion. Les discussions précédentes révèlent clairement le fait que le matériau développé pour des applications biomédicales devrait être libre de la crevasse, le fretting et la corrosion par piqûres. Par ailleurs, l'oxyde formé sur la surface devrait être fortement stable dans des environnements divers, ne doit pas subir la dissolution, doit être fort et adhérent et ses propriétés ne doivent pas changer avec le changement du pH du liquide de corps. Ainsi, il est fortement essentiel de choisir l'alliage approprié et la procédure de traitement adéquate pour avoir la surface à haute résistante à la corrosion pour des applications biomédicales.

I.2.2 Les aciers inoxydables :

Les aciers austénitiques présentent une grande dureté et une bonne résistance à la corrosion [Breme, 1998]. Ils sont surtout utilisés pour des articulations artificielles (tiges ou têtes d'articulations). Aussi, à l'instar de l'alliage 316L (Fe, C : 0,02%, Cr : 17%, Ni : 12%, Mo : 2%), afin d'améliorer la résistance à la corrosion, des solutions solides en austénite stable (Ni > 12 à 14%) sont utilisées. Une concentration de Mo supérieure à 2% assure une plus haute résistance envers la corrosion perforante alors qu'une faible teneur en carbone ($\leq$ 0,03%) inhibe la formation de carbures et de martensite de déformation. Par ailleurs, pour les instruments chirurgicaux comme les scalpels, les ciseaux ou les aiguilles, on a souvent recours à des aciers chromés qui supportent des contraintes plus élevées.

La résistance à la corrosion de l'acier inoxydable est due à une couche d'oxydes passive, riche en chrome qui se forme naturellement à la surface de l'acier. C'est l'état normal des surfaces de l'acier inoxydable connu sous le nom d'état passif.

Les aciers inoxydables se passivent eux-mêmes naturellement lorsqu'une surface propre est exposée à un environnement qui peut fournir assez d'oxygène pour former la couche d'oxyde riche en chrome. Cela se produit automatiquement et instantanément, à condition qu'il y ait assez d'oxygène à la surface de l'acier. Toutefois, la couche passive s'épaissit quelques temps après sa formation initiale. Des conditions naturelles comme le contact avec de l'air ou de l'eau aérée créent et maintiennent la résistance à la corrosion de la surface passive résistante. De cette façon, les aciers inoxydables peuvent conserver leur résistance à la corrosion, même en cas de dommage mécanique et bénéficient ainsi d'un système de protection contre la corrosion autoréparable intégré.

La raison évidente de l'utilisation des aciers inoxydables réside dans la présence de faible quantité de carbone qui diminue la chance de formation de carbure de chrome qui aboutit généralement à la corrosion intergranulaire. La baisse du contenu de carbone rend aussi ce type d'acier inoxydable plus résistant à la corrosion aux solutions contenant du chlore comme le liquide physiologique présent dans le corps humain [Park, 1984]. Cependant l'acier inoxydable est susceptible à la corrosion localisée par des ions de chlorure et des composés en soufre réduit [Ismail, 1999]. La présence de micro organismes sur une surface métallique mène souvent aux dommages fortement localisés.

Le chrome de l'acier inoxydable est le principal responsable du mécanisme d'autopassivation. Contrairement aux aciers au carbone ou faiblement alliés, les aciers inoxydables doivent contenir au minimum 10,5 % de chrome (de leur poids) et au maximum 1,2 % de carbone ; Ceci est la définition donnée par la norme EN-10088.

L'acier inoxydable 316L est largement utilisé pour les implants biomédicaux, comme les prothèses orthopédiques, les applications cardiovasculaires et les dispositifs dentaires. Des essais effectués sur des implants à base de 316L, dans le liquide physiologique, montrent l'existence d'une corrosion par piqûres et une libération de nickel, ce qui entraine le dysfonctionnement et l'endommagement de l'implant [Davis, 2003]. Il est donc important de trouver des moyens pour améliorer la résistance à la corrosion et empêcher la dégradation des aciers inoxydables. La résistance à la corrosion de ces aciers au chrome peut être améliorée en y ajoutant d'autres éléments d'alliage, comme le nickel, le molybdène, l'azote et le titane (ou niobium). Ceci permet d'obtenir un éventail d'aciers résistants à la corrosion pour une vaste gamme d'utilisation, en améliorant aussi d'autres propriétés utiles comme la formabilité, la résistance à l'usure et la résistance mécanique…

Malgré leur résistance dans de nombreux milieux « agressifs », les aciers inoxydables ne peuvent pas être considérés comme résistants à la corrosion en toutes circonstances. Selon la nuance (la composition) de l'acier, dans certaines conditions, l'état passif est détruit et ne peut être récupérée. La surface devient alors « active », avec comme conséquence la corrosion. Parmi les types de corrosion, on a la corrosion de crevasse qui se réfère à la corrosion aux sites protégés comme l'interface de vis/assiette. Ceci est souvent observé pour l'acier inoxydable 316L et d'autres alliages passifs en présence de chlorures. La corrosion de crevasse est rencontrée également sous les têtes des vis de fixation des implants biomédicaux faites d'acier inoxydable 316L.

Le deuxième type de corrosion rencontré avec les aciers inoxydables est la corrosion par piqûre qui est un problème commun notamment avec les implants en 304 SS. La corrosion par piqûres des implants est plus prédominante dans la cavité buccale en raison de la plus grande disponibilité d'oxygène et des substances alimentaires acides dans l'environnement. La corrosion par piqûres peut être définie comme étant une attaque très localisée, provoquée par les réactifs chlorurés. Elle ne se produit pas ou elle est très atténuée avec les aciers austénitiques contenant du molybdène [Clerc, 1997] [Blackwood, 2003]. L'introduction d'ultra-hautes catégories propres comme 316LVM et des additions d'azote peuvent également réduire le risque de corrosion par piqûre.

Les aciers inoxydables peuvent être sensibles à d'autres formes de corrosion qu'il est essentiel de connaître. L'une des plus importantes est la corrosion intergranulaire, qui peut provoquer une véritable désagrégation du métal par suite de l'attaque sélective des espaces entre les grains. A la suite de certains traitements thermiques, une précipitation de carbure de chrome entraîne un appauvrissement local en chrome au-dessous de la teneur nécessaire pour assurer la protection. Des maintiens, même très courts, entre 400 et 800°C, rendent l'acier sensible à cette attaque particulière. En revanche, cette attaque ne se produit pas lorsque l'acier a été refroidi rapidement depuis une température supérieure à 1100°C. Lorsqu'un tel traitement thermique n'est pas possible, on doit utiliser des nuances spéciales dans lesquelles la précipitation du carbure de chrome ne se produit pas, en raison d'une très faible teneur en carbone.

Un autre type de corrosion des aciers inoxydables est la corrosion sous tension qui se manifeste par la rupture de l'acier soumis simultanément à une contrainte mécanique d'extension et à une attaque chimique. Cette corrosion se produit essentiellement en présence de chlorures et il suffit parfois de quantités extrêmement faibles pour qu'elle apparaisse. L'élimination des contraintes et l'augmentation de la teneur en nickel au delà de 40% constituent de bons remèdes contre cette attaque. On constate également la cavitation et l'effet combiné de la fatigue et de la corrosion dans certaines conditions d'utilisation des aciers inoxydables.

Des études sur la corrosion et le comportement électrochimique de 316L en présence des bactéries (IOB et SRB) révèlent que les interactions entre la surface de l'acier inoxydable avec les produits corrodés, des cellules bactériennes et leurs produits métaboliques augmentent l'endommagement par corrosion et accélère aussi la propagation des piqûres [Congmin, 2006].

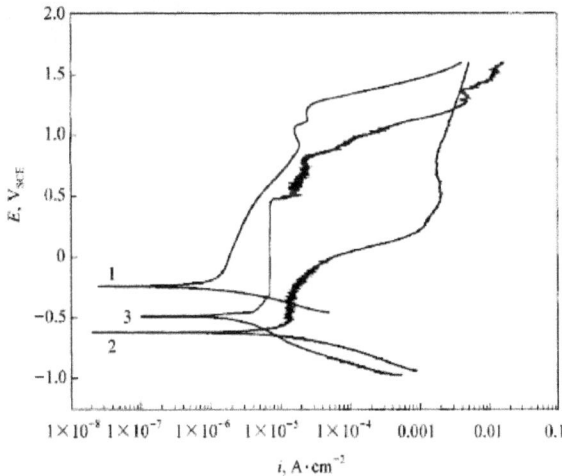

Figure I.2 : Courbes de polarisations pour l'acier inoxydable dans trois solutions différentes après 4H (30°C) ; 1-milieu stérile, 2-SRB, 3-IOB [Congmin, 2006].

Des études sur des implants récupérées montrent que plus de 90 % de la défaillance des implants en 316L sont dues aux attaques de corrosion par piqûres et crevasse [Sivakumar, 1995]. Ces attaques de corrosion localisée et la libération des ions métalliques nécessitent l'amélioration de la résistance à la corrosion de l'acier inoxydable 316L actuellement par l'ajout des éléments d'alliage ou la modification de la surface à l'aide d'un traitement mécanique [Mudali, 2003].

De ce qui précède, nous pouvons remarquer que l'acier inoxydable 316L est très utilisé dans les applications biomédicales. L'un de ses principaux avantages réside dans sa résistance à la corrosion. Cependant, l'acier inoxydable 316L est confronté à plusieurs types de corrosion dans les solutions agressifs comme le liquide physiologique riche en ions chlorure. Ainsi, les recherches se multiplient afin d'améliorer ses propriétés grâce à des traitements mécaniques et/ou chimiques.

I.2.3 Les alliages cobalt-chrome :

Les alliages cobalt chrome présentent une résistance mécanique élevée et une bonne résistance à l'abrasion et à la corrosion [Saji, 2009]. Comme avec l'acier inoxydable, le chrome présent dans ces alliages contribue à la résistance à la corrosion. Mais ce qui différencie ces alliages des aciers inoxydables est la présence du cobalt, cet élément qui contribue à la résistance à la corrosion ce qui confère aux alliages à base de cobalt chrome une excellente résistance à la corrosion [Dong, 2003]. En raison de leurs propriétés mécaniques remarquables, les alliages à base de cobalt chrome sont utilisés pour la fabrication des implants biomédicales qui exigent plusieurs propriétés excellentes [Anusavice, 2003]. Des alliages à base de cobalt ont été largement employés dans les implants orthopédiques et la biocorrosion de ces alliages est l'un des problèmes majeurs à traiter puisqu'il y a une grande libération des ions métalliques qui provoque des effets indésirables [Sargeant, 2006].

Les alliages cobalt-chrome [Shmidt, 1999] sont également utilisés en chirurgie cardiovasculaire et orthopédique [Chabault, 2000] (ex : Vitallium® : Co, Cr : 28%, Mo : 6%, Ni : 2%). La formulation des alliages cobalt-chrome est directement liée aux procédés de fabrication. En effet, si la présence de carbone (# 0,35 %) améliore la coulabilité des alliages, elle doit être minimisée dans le cas d'alliages forgés du fait de la formation de carbures qui réduisent la ductilité du matériau. Une teneur en Cr voisine de 25-30 % confère aux alliages cobalt-chrome une bonne résistance à la corrosion du fait de la formation spontanée d'une couche superficielle d'oxyde stable Cr_2O_3 alors que l'addition de 4 à 7,5 % de Mo ou de Ni provoque un durcissement par substitution (dû aux différences des rayons atomiques avec le

Co). Toutefois, il a été remarqué, dans les zones d'implants soumises à des frottements, que l'arrachement de particules (0,5-35μm) contenant des ions toxiques Cr^{6+} et Co^{2+} peut conduire au relâchement spontané des tissus entourant la prothèse [Hildebrand, 1998].

Dans plusieurs prothèses, l'alliage cobalt-chrome est utilisé comme une tête fémorale en contact avec l'UHMWPE, ce choix est du à la haute résistance à la corrosion et à l'usure de cet alliage. Le problème avec le couple de frottement métal-sur-métal est que la libération des ions métalliques est plus élevée qu'un couple polymère-sur-métal in vivo, qui depuis nombreuses années conduisent au problème de toxicité.

Il a été constaté que les prothèses de type métal-métal produisent un volume d'usure élevé, il y a la préoccupation sur l'effet des particules métalliques libérées après une longue durée. Des études in vivo et in vitro ont montré que des particules CoCr ont des effets toxiques sur des différentes cellules et des tissus.

Il ya 20 ans, le contact céramique sur céramique (Alumine) a été présenté puisqu'il montre une usure plus faible que le métal (CoCr) sur le polymère et le métal sur le métal. Cependant, la fracture de ces implants et la libération des particules céramiques d'usure ont été fréquemment observées. Quand la toxicité des particules d'usure de CoCr de taille nanométrique a été évaluée pour son cytocompatibilité, il a été montré une toxicité élevée par rapport aux particules céramiques d'usure qui ont été obtenues d'un implant en alumine [Germain, 2003].

I.2.4 Les matériaux nanométriques - la nouvelle génération des biomatériaux :

Les biomatériaux actuellement utilisés ne reproduisent pas les mêmes propriétés mécaniques à la surface que l'os remplacé, conduisant à l'endommagement en raison des liaisons insuffisantes avec l'os, la perte osseuse, le desserrage d'implant. Les matériaux nanométriques (à grains très fin) possèdent des propriétés superficielles et mécaniques uniques semblables à l'os et sont donc considérés comme la génération future des biomatériaux orthopédiques [Webster, 2001].

Les matériaux nanométriques sont des matériaux dans lesquels les atomes sont groupés de telle sorte que chaque grain ait la taille de l'ordre de nanomètre (de 1 à 100nm) comparés aux matériaux conventionnels dont la taille de grain est dans la gamme de micron. Ainsi, ils présentent un comportement entièrement différent comparés aux matériaux conventionnels et possèdent des propriétés particulières à cause de leur structure nanométrique [Kreyling, 2010].

Les applications des nanomatériaux sont multiples, comme les composants structuraux pour l'industrie aéronautique, l'automobile, les conduites pour les industries pétrolières et gazières, le secteur anticorrosion ou encore les implants biomédicaux.

Dans le corps humain, les cellules osseuses se forment généralement à la surface dont la rugosité est de taille nanométrique. La rugosité nanométrique se pose à cause du fait que nos os se composent de minéraux inorganiques en taille de grain de longueur variant de 20 à 80 nm et le diamètre de 2 à 3 nm [Skalpan, 1994].

La variation de l'énergie superficielle en raison de rugosité nanométrique conduit à des réponses cellulaires désirables sur le titane et d'autres matériaux nanostructurés aboutissant à une haute ostéo-intégration. Dongwoo et Al ont étudié le comportement d'adhérence cellulaire sur la surface de titane nanostructuré et ils ont comparé leurs résultats avec une surface de titane lisse [Dangwoo, 2008]. Leur étude a montré que la surface de titane nanostructuré possède une énergie superficielle très élevée et l'adhésion de cellules osseuses est très élevée sur cette surface.

Une partie des matériaux nanostructurés et des alliages Ti6Al4V et CoCr, des biomatériaux nanocéramiques comme l'alumine présentent aussi une adhérence cellulaire accrue [Webster, 2004] [Webster, 2000].

Les protéines comme la vitronectine et la fibronectine sont les protéines responsables de l'adhérence cellulaire et la protéine qui interdit l'adhérence cellulaire est la laminine.

A part la compatibilité tissulaire, les propriétés mécaniques varient aussi suivant la taille des grains [Germain, 2003]. En outre, les revêtements nanocristallins sur les biomatériaux avec des grains de taille nanométrique mèneront à une amélioration des propriétés mécaniques [Tjong, 2004]. Les nano revêtements d'épaisseur de l'ordre 10-15 nm sur le titane ont été trouvés pour améliorer la ténacité et la biocompatibilité. En outre, les nano revêtements présentent une plus grande ductilité et un module plus élevé que les revêtements céramiques conventionnels [Catledge, 2000] [Crawford, 2007]. Aussi, les matériaux nanocristallins ont une superplasticité élevée en raison du glissement de joints des grains et la plasticité améliorée au cours de la compression et la traction. Ainsi, en modifiant la surface, on peut élucider la réaction spécifique dans le tissu environnant et adapter aussi les propriétés mécaniques.

Les nanomatériaux sont d'ores et déjà une réalité industrielle et économique. Dans le domaine biomédical, tout comme d'autres secteurs industriels, il convient de s'interroger sur l'influence de ces nouveaux matériaux afin d'en mesurer et d'en contrôler les avantages et les faiblesses de leur applications. Il s'agit d'un enjeu crucial pour assurer le développement responsable des nanomatériaux.

I.3 Cadre de l'étude :

Au cours des vingt dernières années, des médecins et des ingénieurs travaillent en étroite collaboration, ont développé et testé cliniquement (avec succès), un système global de prothèse de hanche. Cependant, malgré ces succès, de nombreuses raisons rendent nécessaires la mise au point d'une prothèse de hanche à durée de vie plus importante. Ces raisons sont les suivantes :

➤ L'espérance de vie a considérablement augmenté ;

➤ Les patients subissent aujourd'hui une opération de la hanche en attendant une mobilité et une qualité de vie supérieure à celles qu'ils avaient auparavant, avant intervention ;

➤ Des prothèses de hanche actuelles sont exigées pour une durée de vie de 15 ans et plus (au lieu des 8 ou 10 ans jusqu'à présent), ainsi qu'une sécurité et un taux de fiabilité supérieurs ;

➤ Par ailleurs, il est à prévoir que les conditions de la vie moderne (sédentarité, surcharge pondérale) risquent de rendre de plus en plus fréquentes les implantations de prothèse de hanche et/ou de genou.

Nous allons nous focaliser sur la prothèse totale de hanche, un implant qui permet le remplacement de l'articulation de la hanche.

I.3.1 Les prothèses totales de hanche, PTH :

L'utilisation des biomatériaux a suivi la même évolution que l'aéronautique dans le sens où on a cherché à utiliser un matériau mécaniquement plus résistant que l'acier inoxydable, i.e. un alliage de titane, d'aluminium et de vanadium, le Ti6Al4V. De plus, le problème de l'acier est qu'il est sensible à la corrosion dans un environnement physiologique [Wiliams, 1982]. La très bonne résistance à la corrosion de l'alliage de titane lui confère une excellente biocompatibilité. Cependant il possède de faibles propriétés de résistance au frottement et à l'usure. Ce dernier point et le coût moins élevé de l'acier inoxydable font que ce dernier reste encore utilisé pour les tiges cimentées. Un alliage de cobalt et de chrome est aussi utilisé pour fabriquer des prothèses de hanche. Ce matériau est très difficile à forger et à laminer. Dans un premier temps, il a été moulé mais sa structure est apparue très hétérogène. Il a été intéressant, pour obtenir un matériau très homogène permettant d'obtenir un bon état de surface, de le synthétiser par la métallurgie des poudres dans les années 1960 [Wang, 1996]. Ce matériau est aussi utilisé car il possède une plus grande dureté que l'acier inoxydable donc une meilleure résistance à l'usure.

Nous avons donné quelques éléments pour comprendre l'évolution des différents matériaux pour remplacer une articulation coxo-fémorale. Nous allons maintenant détailler les matériaux constituant une prothèse totale de hanche, PTH.

Dans notre travail, nous allons nous intéresser uniquement à la prothèse de hanche. On estime que 100000 prothèses sont posées, chaque année, en France. Cette opération représente 2 % de toutes les interventions chirurgicales et la principale sur l'appareil locomoteur [Canam, 2002]. Environ 450 modèles différents de PTH sont disponibles sur le marché. Il existe un très grand nombre de combinaisons de matériaux et d'assemblages. Nous avons choisi de présenter, en détails, une prothèse modulaire, non monobloc.

Elle est constituée de quatre parties principales, figure I.3, [Hotellier, 2008] :

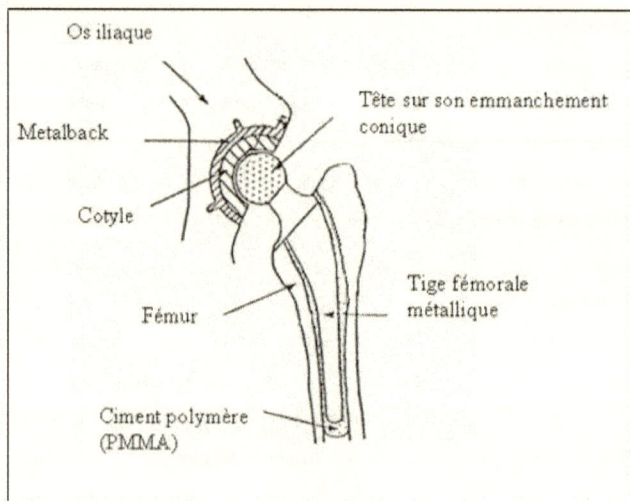

Figure I.3 : Eléments constituant une prothèse totale de hanche modulaire.

- L'anneau cotyloïdien (Metalback), en alliage métallique, est fixé dans l'os iliaque du bassin grâce à des vis. Cette fixation peut être assurée par un ajout de ciment chirurgical entre l'os et l'anneau.
- La cotyle peut être seule insérée dans l'os iliaque si elle est en métal ou en céramique. A l'heure actuelle, elle est principalement réalisée en polyéthylène à très haut poids moléculaire, UHMWPE : Ultra High Molecular Weight PolyEthylene. Cette pièce est d'une importance capitale car elle est impliquée dans le couple de frottement le plus sollicité.

- La tête fémorale prothétique est fixée grâce à un assemblage conique à la tige fémorale. Elle remplace la tête fémorale naturelle et joue le rôle de rotule. Elle est fabriquée en céramique ou en métal. Le principe de modularité permet d'associer une tête sphérique en céramique et une tige fémorale métallique.
- la tige fémorale est insérée dans le canal médullaire du fémur. Elle est fabriquée en métal, acier inoxydable, alliage de titane ou de cobalt-chrome. Soit elle est insérée directement dans le fémur, soit elle est insérée avec un ciment chirurgical, à base de PMMA, [Breush, 2003].

I.3.2 Thèmes choisis pour l'étude :

La figure I.4 représente de manière schématique les différentes contraintes extérieures qui s'exercent sur les différentes parties d'une prothèse de hanche. Ces contraintes couvrent un domaine important de la physique, de la chimie et de la biologie.

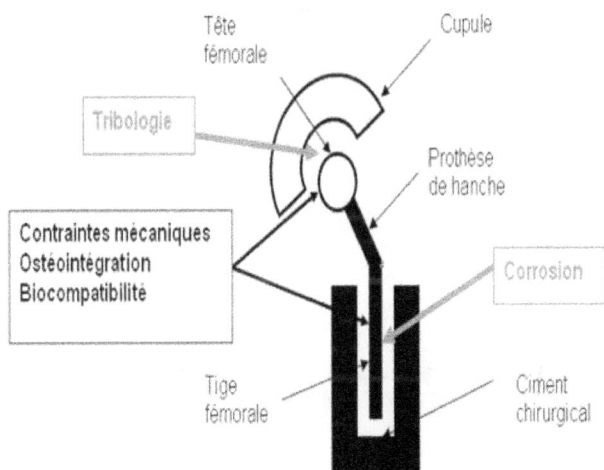

Figure I.4 : *Schéma des contraintes extérieures agissant sur le système prothèse de hanche, (les termes en rouge seront étudiés).*

Nous avons choisi de nous intéresser, parmi les différentes problématiques, à la science du frottement dont le nom le plus général est la tribologie, et donc à l'usure, et à la corrosion subie par la tige fémorale. L'axe choisi est ainsi physico-chimique. Les résultats pourront alors permettre d'apporter des informations sur le comportement en corrosion, le mode de formation et d'évolution des films passifs à la surface des tiges fémorales.

Sont reprises, Figure I.5, les différentes causes de rupture ou de rejet de l'implant orthopédique. Au cours du temps, la conjugaison des micro-mouvements (tribologie) et du milieu physiologique corrosif est responsable de l'usure, donc de l'endommagement de l'implant. En rouge, sont représentés les points qui seront abordés durant ce travail.

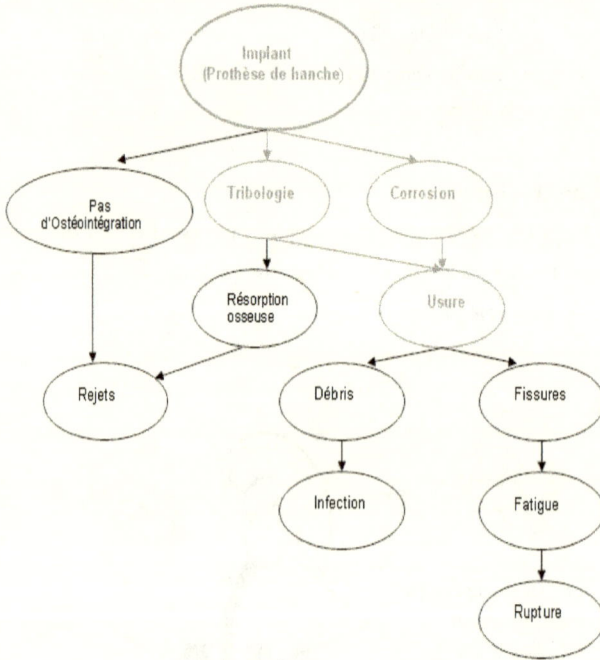

Figure I.5 : *Dégradation d'une prothèse de hanche, les éléments entourés en rouge seront étudiés.*

D'après cette description, nous pouvons entrevoir plusieurs endroits de dégradation. Nous nous intéressons au frottement entre la tête fémorale et la cupule. La corrosion subie par la tige fémorale sera également étudiée. Donc le but de notre étude est de développer un traitement de nanostructuration SMAT (Surface Mechanical Attrition Treatment) afin d'améliorer la résistance à l'usure et la corrosion des biomatériaux utilisés dans les prothèses de hanche.

L'une des solutions nouvelles consiste à renforcer les performances des biomatériaux par nanostructuration tout en pratiquant un procédé chimique, la nitruration assistée par plasma.

Depuis le milieu des années 90, des recherches ont été menées pour réaliser des nanostructures à la surface des matériaux à microstructure normale. La genèse d'une couche superficielle nanostructurée permet de renforcer considérablement les propriétés physico-chimiques, mécaniques et annihile, ou au moins retarde, l'amorçage de la dégradation. Des travaux ont montré que les matériaux nanostructurés ont des propriétés extraordinaires en ce qui concerne, par exemple, le module d'Young, la résistance à l'usure par rapport aux mêmes matériaux non nanostructurés (à gros grains). Certaines propriétés physico-chimiques comme les propriétés magnétiques et la diffusion sont aussi améliorées.

Dans la partie suivante une revue des différentes améliorations électrochimiques et mécaniques des matériaux utilisés en biomédical à savoir ; l'alliage de titane Ti6Al4V, l'acier inoxydable 316L, l'alliage chrome cobalt. Ces améliorations ont été observées après un traitement de surface mécanique et/ou chimique.

I.4 Comportement des biomatériaux après un traitement de surface mécanique et/ou un traitement thermochimique :

Cette partie est une revue des différentes améliorations des propriétés mécaniques et chimiques observées dans la littérature, c'est-à-dire les expériences pour lesquelles après un prétraitement mécanique de surface ou un traitement thermochimique (Nitruration), une amélioration de plusieurs propriétés et/ou une augmentation des profondeurs de diffusion sont constatées. Dans un premier temps, quelques exemples illustrant les résultats obtenus après un traitement SMAT. Ensuite d'autres techniques seront présentées avec leurs résultats associés.

I.4.1 Comportement après un traitement SMAT (Surface Mechanical Attrition treatment) :

D'un point de vue historique, le premier traitement qui est aussi couramment retrouvé dans les articles scientifiques de la littérature est le traitement développé par J. Lu et K. Lu. Il s'agit du Surface Mechanical Attrition Treatment (SMAT) [Lu, 2003]. Dans cette technique, la pièce à traiter est impactée par des billes mises en mouvement par une sonotrode (pièce généralement en Ti6Al4V qui vibre). Les billes induisent une déformation plastique de la surface qui, dans certain cas, produit une nanostructuration de celle-ci. Pour de plus amples informations sur la technique, le lecteur se reportera au chapitre II (partie II.2).

B. Arifvianto et Al [Arifviantao, 2011] ont étudiés les effets du traitement SMAT et de ses paramètres sur la microdureté superficielle et la rugosité de l'acier inoxydable 316L. Les échantillons ont été traités pendant 5, 10, 15 et 20 minutes en utilisant 250 billes en acier inoxydable dont le diamètre est de 4,76mm et avec une vitesse du moteur de 1400 trs/min.

Il a été constaté que le SMAT augmente la dureté superficielle de l'acier et les surfaces plus dures sont atteintes par un traitement avec une durée plus longue, une taille de billes plus grande et une fréquence de vibration plus élevée. Les impacts des billes au cours du SMAT créent des cratères qui par conséquent augmentent la rugosité de la surface de l'acier. L'évolution de la rugosité superficielle par le SMAT est dépendante de temps et consiste en trois étapes, c'est-à-dire une augmentation, une diminution et une rugosité superficielle constante. Cependant, l'optimisation de la rugosité superficielle par le SMAT peut aussi être effectuée en contrôlant les autres paramètres de traitement [Arifviantao, 2011].

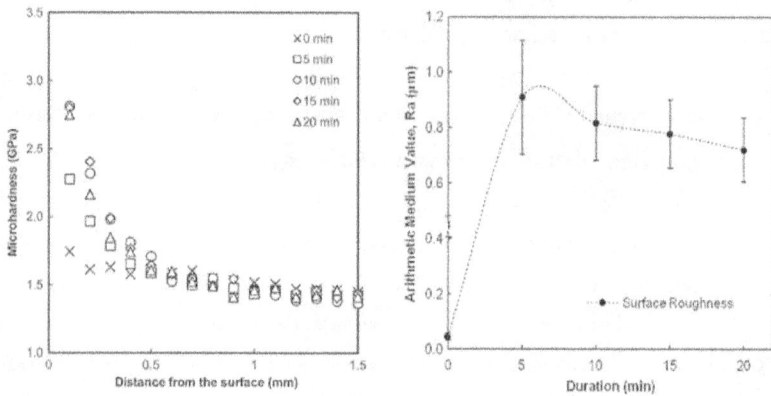

Figure I.6 : *Effet de la durée du traitement SMAT sur la microdureté et la rugosité du 316L* [Arifviantao, 2011].

La figure I.7 représente les résultats tribologiques effectués par Roland T. [Roland, 2007] sur un acier inoxydable 316L. Le coefficient de frottement μ (moyenne sur le glissement après 30 minutes) est présenté en fonction de la charge appliquée pour l'acier inoxydable avant et après SMAT seul et après SMAT suivi d'un recuit.

Le coefficient de frottement de l'état traité est en général beaucoup plus faible que celui de l'acier inoxydable sans traitement. Ceci reste vrai même après les traitements thermiques de recuit. Pour qu'un traitement de surface puisse être concrètement appliqué en service, il est primordial qu'il puisse conserver ses effets bénéfiques même à haute température. Il est par conséquent intéressant de voir que les traitements de recuit jusqu'à des températures élevées de 600°C n'affectent pas les propriétés de frottement du matériau d'une manière catastrophique. Dans tous les cas, l'importante dureté observée après le traitement de SMAT et le SMAT suivi de recuit, permet de diminuer considérablement la pénétration de la bille (indent) dans le cadre d'un contact de frottement acier/acier inoxydable. Le coefficient de frottement subit alors une réelle chute liée à une baisse des forces tangentielles au niveau du contact [Roland, 2007].

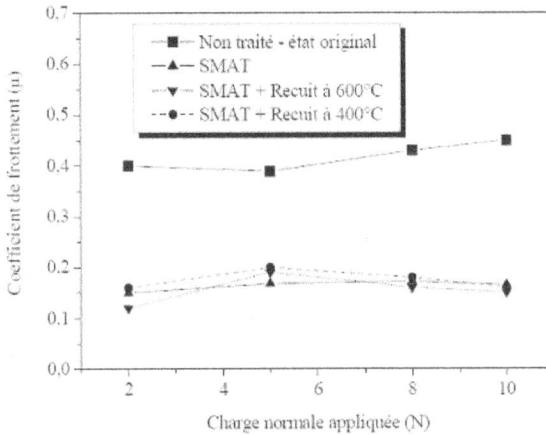

Figure I.7 : *Variations du coefficient de frottement avec la charge pour les différentes conditions de traitement testées de l'acier inoxydable* [Roland, 2007].

Des études électrochimiques ont été effectuées sur le titane pur après un traitement surfacique SMAT [Lan, 2009]. Les échantillons de titane sont des disques de 100 mm de diamètre et 5 mm d'épaisseur. Des billes en zircone (5 mm de diamètre) ont été placées au fond d'une chambre à vide en forme de cylindre dans la machine. Le fond de la chambre a été vibré par un générateur à une fréquence de 50 Hz, aboutissant à la résonance des billes et l'impact de la surface de l'échantillon .La plaque de titane a été traitée à température ambiante pendant 60 minutes.

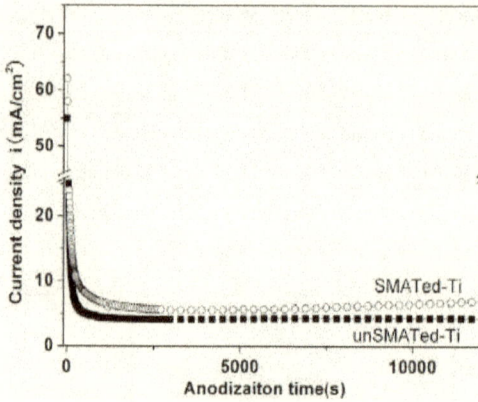

Figure I.8 : *Les courbes courant-temps enregistrées pendant l'anodisation du titane avant et après SMAT* [Lan, 2009].

Pour le traitement d'anodisation, une source de puissance de courant continu (WYK-602, Huatai, Chine) a été employée. Les deux échantillons (SMATé et non SMATé) ont été utilisés comme des anodes, tandis qu'une plaque de graphite a été utilisée comme une cathode. L'électrolyte était le glycol contenant 0,075 M NH4F (99 %, le réactif analytique) et 0,02 % de H2O.

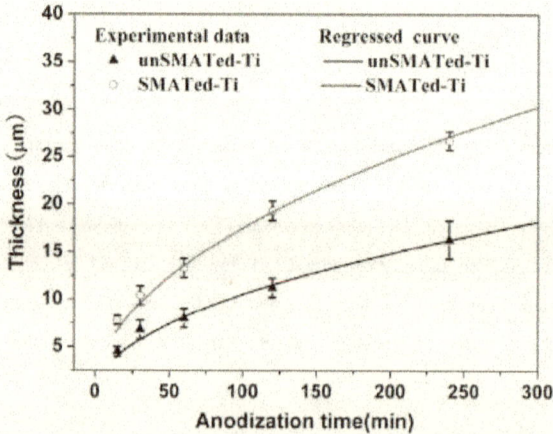

Figure I.9 : *Les moyennes d'épaisseurs de couches oxydées formées sur le titane avant et après SMAT pour des temps d'anodisation différents* [Lan, 2009].

La couche passive de TiO_2 formée sur le titane SMATé est plus épaisse que celle formée sur l'échantillon non traité. Il est indiqué que Ti nanocristallisé est favorable à la croissance de La couche TiO_2. Les joins de grain et les dislocations jouent un rôle principal dans le l'accélération de la réaction et le coefficient de diffusion des ions pendant l'anodisation. Les couches de nanotubes sur les deux échantillons SMATé et non SMATé sont composées de TiO_2 amorphe. Le titane nanocristallisé ne change pas de la morphologie superficielle et les composants de la phase TiO_2 [Lan, 2009].

I.4.2 Comportement après un traitement de déformation plastique sévère suivi d'un traitement de nitruration :

Gu et al. [Gu, 2002] ont réalisé des traitements de SMAT sur un acier (0,2 C, 0,94 Mn, 0,02 Ni, 0,03 Cr, 0,02 Mo, 0,01 Al, 0,1 Cu, 0,31 Si et Fe (poids %)) à une fréquence de vibration de 20 kHz avec des billes de diamètre 2 mm pendant 7 min. Ensuite, ces échantillons ont subi un traitement de nitruration gazeuse à 460°C, 500°C et 560°C pendant 0,5, 3, 6, 9 et 18 heures.

La figure I.10 montre que, lorsque les échantillons ont subi un traitement de SMAT, la couche de nitrure γ' (Fe4N) qui se forme en surface est environ deux fois plus importante dans les mêmes conditions de traitement de nitruration quelle que soit la température.

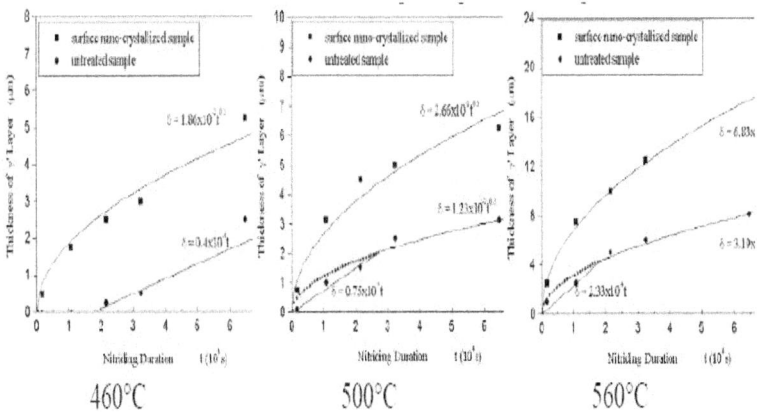

Figure I.10 : Cinétiques de croissance de la couche γ' sur des échantillons en fer doux {460°C, 500°C et 560°C} avant (•) et après (■) un prétraitement de surface mécanique de type SMAT [Gu, 2002].

Un autre exemple relatif à des échantillons en acier inoxydable AISI 304 est répertorié dans la littérature [Ji, 2005]. Le traitement choisi fait partie de la famille des déformations plastiques sévères (DPS). Il a été choisi pour la couche martensitique qu'il crée en surface par transformations dues aux importantes déformations plastiques. Le procédé de prétraitement est réalisé dans un attriteur avec des billes de 10 mm de diamètre pendant environ 50 min. Les échantillons sont ensuite nitrurés par un dispositif de nitruration assistée plasma de type diode dans un four opérant sous ammoniac (NH_3) à une pression de 500 Pa, avec une tension entre anode et cathode de 750 – 800 V et une densité de courant de 0,4 A/cm^2. La nitruration se fait ainsi à une température pouvant varier entre 380°C et 450°C. Les micrographies optiques en coupe transverse de la figure I.11, obtenues après un traitement de 6 h à 380°C, montrent une augmentation significative de l'épaisseur de la couche de diffusion lors que l'échantillon a subi un prétraitement de type DPS.

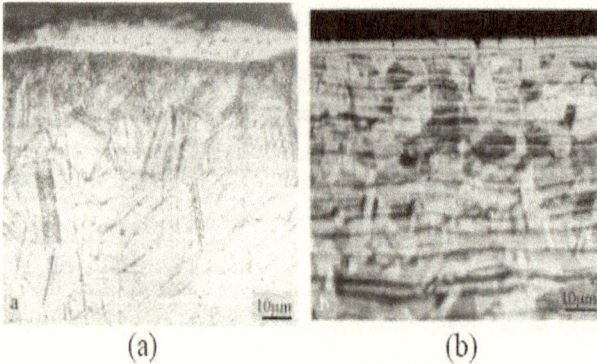

(a)   (b)

Figure I.11 : Micrographies optiques en coupe transverse des couches de nitruration obtenues sur un acier inoxydable AISI 304 après un traitement de déformations plastiques sévères (a) sans traitement et (b) nitruré à 380°C pendant 6 h [Ji, 2005].

Les épaisseurs des couches de nitruration ont été mesurées en fonction de la température et sont tracées sur le graphique de la figure I.12. Les résultats montrent clairement une augmentation significative de l'épaisseur de nitruration à température et durée de traitement identiques lorsque l'échantillon a été prétraité par DPS : multipliés par environ deux par rapport à un échantillon non prétraité [Ji, 2005].

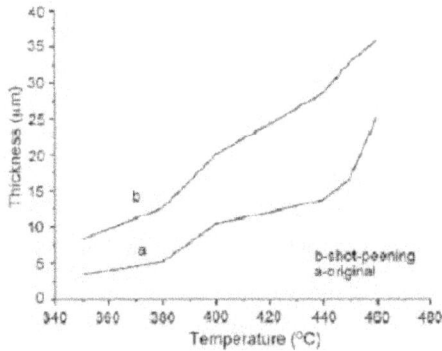

Figure I.12 : *Epaisseur des couches de nitruration en fonction de la température de nitruration sur deux types d'échantillon : a) sans prétraitement et b) avec prétraitement puis nitruration de 6H* [Ji, 2005].

Si on s'intéresse aux profils de microdureté (HV0,1) pour un traitement de 6 h à différentes températures, avec et sans prétraitement représentés sur la figure I.13, les résultats montrent que pour un traitement à 450°C la valeur de la dureté passe de 250 HV à 1500 HV pour un matériau non prétraité et de 680 HV à 1800 HV pour un matériau prétraité par DPS.

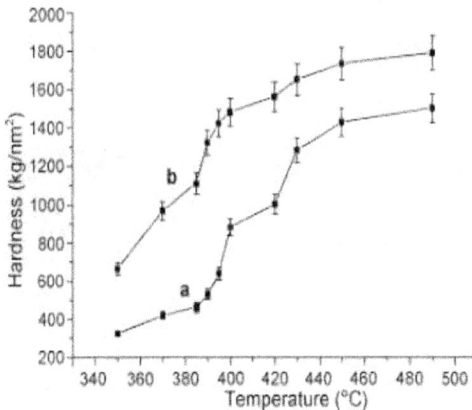

Figure I.13 : *Variation de la microdureté superficielle HV0,1 en fonction de la température pour des traitements de nitruration de 6H sur un acier inoxydable AISI 304 sans (a) et (b) avec un traitement de DPS* [Ji, 2005].

Après un traitement de nitruration, la dureté des couches de nitruration est contrôlée par deux mécanismes de durcissement : le durcissement par solution solide et le durcissement par précipitation. Le durcissement par solution solide est le mécanisme prédominant dans les aciers inoxydables austénitiques nitrurés à basse température alors que le durcissement par précipitation est prédominant pour les mêmes aciers possédant une fine couche déformée sévèrement [Ji, 2005].

Des essais de couplage d'un traitement de grenaillage de précontrainte (shot peening) suivi d'un traitement thermochimique de nitruration ionique ont été réalisés en 2000 par une équipe japonaise dirigée par Yamauchi [Yamauchi, 2001]. Les résultats ont été présentés lors de la conférence « Stainless steel 2000 : Thermochemical Surface engineering of stainless steel » qui s'est déroulée à Osaka au Japon.

Dans cette étude, ils ont utilisé un substrat en acier inoxydable AISI 304. Les paramètres de grenaillage sont : une pression de 0,49 MPa pendant 10 s à 90° à 100 mm de la surface à traiter.

Différentes grenailles de taille identique (~ 70 μm) ont été utilisées : 50 Ni-50 Cr, SiO2, SiC et AISI M2. Le premier constat de cette étude est une évolution de la rugosité (Ra) :
Poli< (grenaillé par) 50Ni-50Cr< SiC< SiO2<AISI M2

Les profils de microdureté Knoop à 10 g montrent que l'épaisseur atteinte et la dureté maximale sont obtenues dans l'ordre croissant suivant :
Poli : 200 HK < 50Ni-50Cr : 300 HK < SiC : 375 HK <SiO2 : 400 HK <AISI M2 : 475 HK

Les épaisseurs de la couche de nitruration, mesurées sur les micrographies optiques en coupe transverse de la figure I.14 après un traitement de grenaillage, augmentent de la manière suivante : Poli : 5 μm < 50Ni-50Cr : 7 μm < SiO2 : 9 μm < SiC : 12 μm <AISI M2 : 15 μm

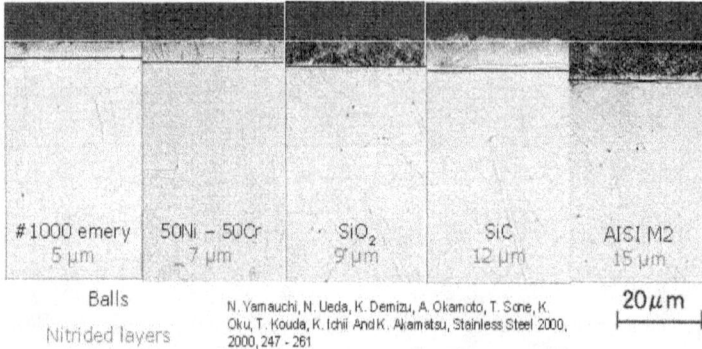

Figure I.14 : Micrographies optiques en coupe transverse d'échantillons prétraités par grenaillage de précontrainte et nitrurés [Yamauchi, 2001].

Les métallographies obtenues permettent de constater que la couche de nitruration sur les échantillons grenaillés par SiO2 ou M2 est plus sensible à l'attaque chimique permettant de la révéler. Alors que pour les échantillons grenaillés par Ni-Cr ou SiC les couches de nitruration sont moins sensibles à l'attaque.

Après un traitement de shot peening (0,6 MPa, 300 S, 90°) avec des particules de M42, sur un acier inoxydable 316L, Kikuchi et Al [Kikuchi, 2011] montrent la formation d'une couche de martensite en surface visible par diffraction des rayons X. Ils ont ensuite effectué un traitement de nitruration gazeuse (NH$_3$), ce qui conduit à une amélioration de la diffusion de l'azote dans les parties déformées plastiquement.

Conclusions :

Ce chapitre a permis de faire dans un premier temps un point sur les connaissances actuelles relatives aux matériaux utilisés dans le domaine biomédical. Nous avons vu que les matériaux utilisés sont nombreux et que des variantes ont été développées afin d'obtenir des « nouveaux » matériaux plus performants en vue des différentes applications biomédicales. Les différentes propriétés microstructurales, électrochimiques et mécaniques ont été présentées.

Il ressort également de cette synthèse bibliographique que les implants chirurgicaux et notamment les prothèses totales de hanche risquent d'être soumises à des phénomènes de frottement, d'usure et de corrosion. A ceux-ci est associé la formation de débris, dont la présence entraîne des complications secondaires comme des inflammations locales, des croissances anormales de cellules des tissus vivants, voire des descellements. L'existence de ces débris et les complications associées sont maintenant bien connues. Cependant, les mécanismes de leur formation et leur caractérisation suivant les systèmes d'usure en présence ne sont pas encore complètement identifiés.

En outre, il faut trouver des solutions adaptées par des traitements de surface à la fois simples et efficaces. Mais ils doivent être aussi peu coûteux et faciles à mettre en œuvre pour pouvoir traiter des formes complexes (tige fémorale et tête de la prothèse). Dans cet esprit, une idée novatrice pour renforcer et optimiser la surface de pièces mécaniques soumises à des environnements hostiles est de mettre en œuvre des traitements combinés ou duplex.

L'une des solutions nouvelles consiste à renforcer les performances des matériaux par nanostructuration SMAT (Surface Mechanical Attrition treatment) et/ou un procédé plus classique, comme la nitruration ionique. Un des objectifs est de pratiquer ces traitements est d'optimiser les couches superficielles protectrices afin d'améliorer les propriétés anticorrosion et tribologiques des biomatériaux.

Références bibliographiques :

[Aaos, 2003] Data obtained from http://www.aaos.org/wordhtml/press/arthropl.htm [accessed 1.08.03].

[Anusavice, 2003] K.J. Anusavice ; Phillips' science of dental materials. 11th ed. London : Saunders ; pp. 411-594, 2003.

[Aragon, 1972] P.J. Aragon, S.F. Hulbert ; J Biomed Mater Res ; 6 :155–64, 1972.

[Arifviantoa, 2011] B. Arifviantoa, Suyitnoa, M. Mahardikaa, P. Dewoa,b, P.T. Iswantoa, U.A. Salima Effect of surface mechanical attrition treatment (SMAT) on microhardness, surface roughness and wettability of AISI 316L, 2011.

[Blackwood, 2003] D.J. Blackwood ; Corros Rev ; 21:97–124, 2003.

[Breme, 1998] H.J. Breme, V. Biehl et J.A. Hielsen ; Metals and Implants. Metals as Biomaterials, éd. Wiley and Sons pp. 36-71, 1998.

[Breusch, 2003] S. Breusch ; Les conditions de la cimentation pour les PTH, Maîtrise orthopédique 126, http://www.maitrise-orthop.com /corpusmaitri /orthopaedic /126_breusch /index.php, (2003).

[Cabrera, 1984] N. Cabrera, N.F. Mott ; Physics ; 12 :163–84, 1948.

[Canam, 2002] Caisse nationale d'assurance maladie des professions indépendantes, Contrôle d'un acte de spécialité réalisé en cliniques privées : la chirurgie de la prothèse de hanche, 29-32, pp. 5-8, http://www.canam.fr/docs/2f0--er-hanche.php, 2002.

[Catledge, 2000] S. Catledge, P. Baker, J. Arvin, Y. Vohra ; Diam Relat Mater ; 9(8) :1512–7, 2000.

[Chabault, 2000] E. Chabault ; Nanofriction of UHMWPE on Gold and Cobalt – Chromium alloys. Rapport de PFE INSA Clemson University, 2000.

[Charnley, 1973] J. Charnley, Z. Cupic ; Clin Orthop ; 95:9–25, 1973.

[Choubey, 2004] A. Choubey, B. Basu, R. Balasubramaniam ; Mater Sci Eng A ; 379 :234–9, 2004.

[Clerc, 1997] C.O. Clerc, D.W. Jedwab ; Mayer PJ, Thompson, Stinson JS. J Biomed Mater Res ; 38 :229–34, 1997.

[Congmin, 2006] X. Congmin, Z. Yaoheng, C. Guangxu, Z. Wensheng ; Corrosion and electrochemical behavior of 316L stainless steel in sulfate-reducing and iron-oxidizing bacteria solutions. Chin J Chem Eng ; 14(6) : 829-34, 2006.

[Crawford, 2007] G.A. Crawford, N. Chawla, K. Das, S. Bose, A. Bandyopadhyay ; Acta Biomater ; 3 :359–67, 2007

Chapitre I

[Davis, 2003] J.R. Davis ; Overview of biomaterials and their use in medical devices. Handbook of Materials for Medical Devices, p. 9, Chapter 1, 2003.

[Dong, 2003] H. Dong, Y. Nagamatsu, K.K Chen, et al. ; Corrosion behavior of dental alloys in various types of electrolyzed water. Dent Mater J ; 22(4) : 482-93, 2003.

[Dongwoo, 2008] K. Dongwoo, L. Jing, Y. Chang, H. Karen ; Webster Thomas J. Biomaterials ; 29 :970–83, 2008.

[Espostito, 1999] M. Espostito, J. Lausmaa, J.M. Hirsch, P. Thomsen ; Biomed Mater Res Appl Biomater ; 48 :559–68, 1999.

[Fanning, 1996] J.C. Fanning ; TIMETAL21SRx. Titanium 95' science and technology; p. 1800–7, 1996.

[Geetha, 2001] M. Geetha, A.K. Singh, K. Muraleedharan, A.K. Gogia, R.J. Asokamani ; Alloys Compd ; 329 :214–23, 2001.

[Geetha, 2003] M. Geetha, M.U. Kamachi, R. Asokamani, B. Raj ; Corros Rev : 2–3, 2003.

[Germain, 2003] M.A. Germain, A. Hzyyon, S. Williams, J.B. Mathews, M.H. Stone, J. Fisher et al. ; Biomaterials ; 24 :469–79, 2003.

[Geetha, 2004] M. Geetha, A.K. Singh, A.K. Gogia, R. Asokamani ; Alloys Compd. ; 384:131–51, 2004.

[Geetha, 2004] M. Geetha, M. Kamachi, R. Asokamani, B. Raj ; Corros Sci ; 46 :877–92, 2004.

[Geetha, 2009] M. Geetha, A.K. Singh, R. Asokamani, A.K. Gogia. ; Ti based biomaterials, the ultimate choice for orthopaedic implants - A review, Progress in Materials Science, v. 54, n. 3, pp. 397-425, 2009.

[Gu, 2002] J.F. Gu, D.H. Bei, J.S. Pan, J. Lu, et K. Lu, "Improved nitrogen transport in surface nanocrystallized low-carbon steels during gaseous nitridation," Materials Letters, vol. 55, p. 340-343, Aoû. 2002.

[Hanawa, 2003] T. Hanawa ; Corros Rev ; 21 :161–81, 2003.

[Harty, 1982] M. Harty ; Orthop Clin North Am ; 13 :667–79, 1982.

[Hildebrand, 1998] H.F. Hildebrand et J.C. Hornez, Biological Response and Biocompatibility. Metals as Biomaterials, éd. Wiley and Sons pp. 265-290, 1998.

[Ismail, 1999] K.M. Ismail, A. Jayaraman, T.K. Wood, J.C. Earthman ; The influence of bacteria on the passive film stability of 304 stainless steel. Electrochim Acta ; 44: 4685-92, 1999.

[Ji, 2005] S. Ji, L. Wang, J. Sun, et Z. Hei, "The effects of severe surface deformation on plasma nitriding of austenitic stainless steel," Surface and Coatings Technology, vol. 195, p. 81-84, Mai. 2005

[Jun, 2004] C.O. Jun, E. Yun, S. Lee ; Metall Mater Trans ; 35A :525–34, 2004.

[Khan, 1999] A. Khan, R.L. Williams, D.L. Williamss ; Biomaterials ; 20 :631–7, 1999.

[Kikuchi, 2011] S. Kikuchi, Y. Nakahara, et J. Komotori, "Fatigue properties of gas nitrided austenitic stainless steel pre-treated with fine particle peening," International Journal of Fatigue, vol. In Press, Corrected Proof, 2011.

[Kobayashi, 1998] E. Kobayashi, T.J. Wang, H. Doi, T. Yoneyama, H. Hamanaka ; Mater Sci : Mater Med ; 9 :567–74, 1998.

[Kreyling, 2010] W. G. Kreyling, Manuela Semmler-Behnke, Qasim Chaudhryb ; A complementary definition of nanomaterial. Comprehensive Pneumology Center, Institute of Lung Biology and Disease and Focus Network Nanoparticles and Health, German Research Center for Enfironmental Health, Neuherberg/Munich, Germany, 2010.

[Kurtz, 2007] S. Kurtz, K. Ong, E. Lau, F. Mowat, M. Halpern ; J Bone Joint Surg Am ; 89 :780–5, 2007.

[Kuroda, 2001] D. Kuroda, M. Niinomi, T. Akahori, H. Fukui, A. Suzuki, T. Hasegawa, et al. ; Structural biomaterials for the 21st century. In : Niinomi M, Okabe T, Taleff EM, Lesuer DR, Lippard HE, editors. TMS, The Minerals Metals and Materials Society ; 2001.

[Lan, 2009] Z. Lan, H. Yong ; Effect of nanostructured titanium on anodization growth of self-organized TiO2 nanotubes, China, 2009

[Lhotellie, 2008] L. Lhotellier, http://www.hopital-dcss.org/actes/pth.htm, 2008.

[Li, 2004] S.J. Li, R. Yang, S. Li, Y.L. Hao, Y.Y. Cui, M. Niinomi, et al. ; Wear ; 257 :869–76, 2004.

[Long, 1998] M. Long, H.J Rack ; Biomaterials ; 19:1621–39, 1998.

[Long, 2003] M. Long, J.I. Qazi, H.J Rack ; Titanium 2003 science and technology. Weinhem, Germany : Wiley VCH Verlag, GMBH and Co. KGaA ; p. 1691–8, 2003.

[Long, 2005] M.Long, H.J Rack ; Mater Sci Eng C ; 25 :382–8, 2005.

[Margaret, 2000] A. Margaret, W.D. McGee, K. Costi, D.R. Haynes et al. ; Wear ; 241 :158–65, 2000.

[Lu, 2003] J. Lu, et K. Lu W.P. Tong, N.R. Tao, Z.B. Wang, , "Nitriding Iron at Lower Temperatures," Science, vol. 299, p. 686-688, Jan. 2003.

[McCalden, 1995] R.W. McCalden, D.W. Howie, L. Ward, C. Subramanian, N.S. Nawana, M.J. Pearcy ; In : Trans. 41st Ann. Meet. Orthop. Res. Soc., vol. 20 ; p. 242, 1995.

[Mishra, 1993] A.K. Mishra, J.A. Davidson, P. Kovacs, R.A. Poggie ; Beta titanium in the 1990s. Warrendale, Pennsylvania : The Mineral, Metals and Materials Society ; p. 61–6, 1993.

Chapitre I

[Mishra, 1996] A.K. Mishra, J.A. Davidson, R.A. Poggie, P Kovacs, T.J. FitzGerald and J.E. Lemons, Mechanical and tribological properties and biocompatibility of diffusion hardened Ti-13Nb-13Zr - a new titanium alloy for surgical implants, ASTM, Philadelphia, pp. 96–113, 1996.

[Mudali, 2003] K.U. Mudali, T.M. Sridhar, B. Raj ; Corrosion of bio implants. Sadhama ; 28(3-4) : 601-37, 2003.

[Nag, 2005] S. Nag, R. Banerjee, H.L Fraser ; Mater Sci Eng C ; 25 :357–62, 2005.

[Nakagawa, 2001] M. Nakagawa, S. Matsuya ; Udoyh. Dent Mater J ; 20 :163–7, 2001.

[Niinomi, 1998] M. Niinomi ; Mater Sci Eng A ; 243 :231–6, 1998.

[Park, 1984] J.B. Park ; Biomaterials science and engineering. Plenum. New York : Wiley-Liss ; pp. 193-233, 1984.

[Park, 2003] J.B. Park, J.D. Bronzino, editors ; Biomaterials : principles and applications. Boca Rator, FL : CRC Press ; p. 1–241, 2003.

[Peterson, 1989] M.B. Peterson, S.Z. Li, X.X. Jiang, S.J. Calabrese. In : Proceedings 16th Leeds-Lyon symposium, Villeurbanne, France ; 1989.

[Peterson, 1992] M.B. Peterson, S.J. Calabrese, Stup B. NTIS ADA 124248. US, Department of Commerce ; 1992.

[Probster, 1992] L. Probster, M. Dent, W.L. Lin, H. Huttenmann. Int J Oral Max Impl ; 7 :390–4, 1992.

[Ramakrishna, 2001] S. Ramakrishna, J. Mayer, E. Wintermantel, L.K. Leong ; Biomedical applications of polymer-composite materials : a review. Compos Sci Technol ; 61: 1189-1224, 2001.

[Roland, 2007] T. Roland ; Génération de nanostructures par traitement de nanocristallisation superficielle SMAT sur matériaux métalliques et étude des propriétés mécaniques associées, 2007.

[Saji, 2009] S. Saji, H.C. Choe ; Electrochemical behavior of Co-Cr and Ni-Cr dental cast alloys. Department of Dental Materials, College of Dentistry, Chosun University, Gwangju 501-759, Korea, 2009.

[Sargeant, 2006] A. Sargeant, T. Goswami ; Hip implants - Paper VI - Ion concentrations. Mater Des ; 27 : 287-92, 2006.

[Schmidt, 1999] R. Schmidt, Comportement des matériaux dans les milieux biologiques. Traité des matériaux, Presses Polytechniques et Universitaires Romandes 7, 1999.

[Scholes, 2000] S.C. Scholes, A. Unswrth, A.A. Goldsmith ; Phys Med Biol ; 45:3721–35, 2000.

[Sivakumar, 2003] M. Sivakumar, S. Kumar, K. Dhanadurai, S. Rajeswari, V. Thulasiraman ; Failures in stainless steel orthopaedic implant devices: A survey. J Mater Sci Lett ; 14 : 351-4, 1995.

[Skalpan, 1994] F. Skalpan, W.C. Hayes, T.M. Boskey, T.A. Einhorn, J.P. Lannotti ; Orthopaedic basic science. In : Simon S, editor. Columbus, Ohio : American Academy of orthopaedic Surgeons ; p. 127–85, 1994.

[Song, 1999] Y. Song, D.S. Xu, R. Yang, D. Li, W.T. Wu, Z.K. Guo, et al. ; Mater Sci Eng A ; 260 :269–74, 1999.

[Steinemann, 1993] S.G. Steinemann, P.A. Mausli, S. Szmukler-Moncler, M. Semlitsch, O. Pohler, H.E. Hintermann, et al. ; Beta titanium in the 1990s. Warrendale, Pennsylvania : The Mineral, Metals and Materials Society ; p. 2689–96, 1993.

[Sundgren, 1986] J.E. Sundgren, P. Bodo, I. Lundstrom ; Colloid Interface Sci ; 110:9–20, 1986.

[Tang, 2000] X. Tang, T. Ahmed, H.J. Rack ; J Mater Sci ; 35 :1805–11, 2000.

[Teoh, 2000] S.H. Teoh ; Int J fatigue ; 22(10) :825–37, 2000.

[Thair, 2002] L. Thair ; PhD Thesis. Anna University, Chennai, India ; 2002

[Thair, 2004] L. Thair, U.M. Kamachi, R. Asokamani, B. Raj ; Mater Corros ; 55 :358–66, 2004.

[Tipper, 1999] J.L Tipper, P.J Firkins, E. Ingham, J. Fischer, M.H. Stone, R. Farrar ; J Mater Sci : Mater Med ; 10 :353–62, 1999.

[Tjong, 2004] S.C.Tjong, H. Chen ; Mater Sci Eng R ; 45:1–88, 2004.

[Tong, 2003] W.P. Tong, N.R. Tao, Z.B. Wang, J. Lu, et K. Lu, "Nitriding Iron at Lower Temperatures," Science, vol. 299, p. 686-688, 2003.

[Wang, 1996] K. Wang ; Mater Sci Eng, A Struct Mater : Prop Microstruct Process ; 213 :134–7, 1996.

[Wang, 1993] K. Wang, L. Gustavson, J. Dumbleton ; Beta titanium in the 1990s. Warrendale, Pennsylvania : The Mineral, Metals and Materials Society ; p. 2697–704, 1993.

[Webster, 2004] J. Webster Thomas, U. Ejiofor Jeremiah ; Biomaterials ; 25 :4731–9, 2004.

[Webster, 2000] J. Webster Thomas, C. Ergumn, H. Doremus Rober, W. Siegel Richard W ; Bizios Rena. Biomaterials ; 21:1803–10, 2000.

[Webster, 2001] J. Webster Thomas ; Nanostructured materials. In : Ying Jackie Y, editor. California, USA : Academic Press ; p. 125–6, 2001.

[Wise, 2000] D.L. Wise ; Biomaterials engineering and devices. Berlin : Humana Press ; p. 205-319, 2000.

[Williams, 1982] D.F. Williams ; Corrosion of orthopaedic implants, Biocompatibility of Orthopaedic Implants, CRC Press, Boca Raton, p. 197, 1982.

[Yamauchi, 2001] N. Yamauchi, N. Ueda, A. Okamoto, et K. Demizu, "Effect of Peening on Formation of S-Phase in Plasma Nitrided 304 Austenitic Stainless Steel," Reports of Industrial Technology Research Institute, vol. 15, p. 70-75, 2001.

[Yu, 1993] J. Yu, Z.J. Zhao, L.X. Li ; Corros Sci ; 35 :587-97, 1993.

[Zhou, 2005] Y.L. Zhou, M. Niinomi, T. Akahori, H. Fukui, H. Toda ; Mater Sci Eng A ; 398 :28-36, 2005.

Chapitre II :

Moyens expérimentaux et Techniques de caractérisations

Introduction :

Le chapitre II a pour but de présenter les matériaux, les appareils et les montages utilisés au cours de cette étude. Les techniques électrochimiques sont à leur tour présentées, de manière à souligner leur intérêt et leur pertinence dans l'étude de la résistance à la corrosion des biomatériaux. Les méthodes d'analyses chimiques et de topographie des surfaces étudiées permettent d'apporter des informations souvent complémentaires aux résultats issus des techniques électrochimiques. Dans la dernière partie les deux tribomètres utilisés dans l'étude tribologique sont décrits.

II.1 Matériaux utilisés :

Trois matériaux métalliques ont été traités et testés de diverses manières dans le cadre du projet « Nanosurf ». Il s'agit d'un alliage de titane Ti6Al4V, d'un acier inoxydable 316L ainsi qu'un alliage cobalt chrome, des alliages traditionnellement réputés pour leur biocompatibilité.

II.1.1 Alliage de titane Ti6Al4V :

L'alliage Ti6Al4V contient deux principaux éléments d'addition qui sont l'aluminium et le vanadium. L'aluminium, élément α-gène, durcit la phase α. Il permet l'amélioration de la résistance mécanique et de la tenue au fluage de l'alliage. Il induit également une baisse de la ductilité. Son pourcentage est limité à 7 % afin d'éviter des précipitations locales de phases α2 fragilisantes.

Le vanadium, élément β-gène, permet l'amélioration de la ductilité mais entraîne une diminution de la tenue à l'oxydation [Combres, 1999]. Les propriétés mécaniques du Ti6l4V sont comparées à celle du titane pur dans le tableau II.1.

	Titane pur	Ti6Al4V
Résistance à la traction Rm	240 MPa	1000 MPa
Limite d'élasticité conventionnelle à 0,2% Rp0,2	110 MPa	910 MPa
Allongement à la rupture A%	55 %	18 %
Module d'Young E	118 GPa	110 GPa

Tableau II.1 : *Propriétés mécaniques du titane pur et l'alliage Ti6Al4V* [Combres, 1999].

Chapitre II

Le Ti6Al4V, comme le titane pur, possède des propriétés qui le rende très attractif auprès des industriels [Combres, 1999]. Il présente notamment une excellente résistance à la corrosion grâce au développement d'une couche protectrice constituée majoritairement de TiO_2.

Il possède également une faible masse volumique (ρ= 4,42 g/cm³). Sa biocompatibilité permet son utilisation dans le domaine médical notamment pour la fabrication des prothèses de hanche. Les alliages α+β présentent une bonne stabilité structurale jusqu'à environ 600°C ainsi qu'une aptitude moyenne aux traitements thermiques.

L'alliage de titane utilisé dans notre étude est donc le Ti6Al4V. Les échantillons ont été fournis par le CRITT (Centre Régional d'Innovation et de Transfer de Technologie spécialisé dans les matériaux, dépôts et traitements de surface basé à Charleville-Mézières).

La composition chimique de l'alliage Ti6Al4V est donnée par le tableau II.2 :

élément	Al	V	Fe	C	O	N	H
%	5,5	3,5	0,3	0,08	0,2	0,05	0,015

Tableau II.2 : Composition chimique de Ti6Al4V (% massique).

II.1.2 Acier inoxydable 316L :

L'acier inoxydable choisi pour notre étude doit avoir une bonne résistance d'une part à la corrosion électrochimique notamment vis-à-vis des milieux rencontrés dans le corps humain. L'acier inoxydable austénitique 316L se distingue par la stabilité de sa couche passive (dont l'épaisseur est de 2 à 3 nm) dans de nombreux milieux. Cette stabilité est due outre à la présence du chrome, à celle du molybdène.

L'acier inoxydable utilisé dans notre étude est donc le 316L. Les échantillons ont été également fournis par le CRITT.

La composition chimique de l'acier inoxydable 316L est donnée par le tableau II.3 :

élément	C	Si	Mn	Ni	Cr	Mo	S	P	Cu	N
%	0,030	1,0	2,0	13,0	17,0	2,25	0,010	0,025	0,50	0,10

Tableau II.3 : Composition chimique de 316L (% massique).

Un résumé des propriétés mécaniques, fourni par le CRITT, est présenté dans le tableau
II.4 :

Dureté (HV$_{0,1}$)	Masse volumique (g/cm^3)	Limite élastique R$_e$ (MPa)	Module de Young E (GPa)	Coefficient de Poisson (v)	Résistance à la rupture R$_m$ (MPa)
200	8	205	210	0,3	520

Tableau II.4 : Propriétés mécaniques de l'acier inoxydable AISI 316L.

II.1.3 Alliage cobalt-chrome :

La composition chimique de l'alliage cobalt chrome utilisé dans notre étude est donnée
par le tableau II.5 :

Elément	Cr	Mo	Ni	Fe	Si	Mn	C	N
%	26,0	5,0	1,0	0,75	1,0	1,0	0,14	0,25

Tableau II.5 : Composition chimique de l'alliage cobalt chrome (% massique).

Un résumé des propriétés mécaniques de l'alliage cobalt-chrome, fourni par le CRITT,
est présenté dans le tableau II.6 :

Dureté (HV$_{0,1}$)	Masse volumique (g/cm^3)	Module de Young E (GPa)	Elongation à la rupture (%)	Résistance à la rupture R$_m$ (MPa)
320	8,3	170	10	850

Tableau II.6 : Propriétés mécaniques de l'alliage cobalt-chrome.

II.2 Le procédé SMAT : principe et applications

II.2.1 Introduction :

Le procédé SMAT, de l'anglais « Surface Mechanical Attrition Treatment », est un traitement de nanocristallisation superficielle dont le principe est l'obtention d'une couche superficielle nanocristalline, sur un matériau donné, suite à des déformations plastiques aléatoires et cycliques. Il s'apparente ainsi aux procédés existants tels que ceux développés par Valiev [Valiev, 2000], et il peut être classé parmi les techniques de nanocristallisation de type SPD (déformation plastique sévère).

Cette technique est basée sur la vibration et la mise en mouvement de grenailles par l'intermédiaire d'un générateur de puissance ultrasonore. Les grenailles sont placées dans une enceinte qui est mise en vibration par l'utilisation d'un générateur ultrasonique. Du fait de la haute fréquence du système (20kHz), la surface entière de l'échantillon à traiter est grenaillée avec un grand nombre d'impacts sur une période de temps très courte.

La figure II.1 représente une photographie de l'équipement ultrasonore utilisée : il est possible de distinguer la sonotrode dans laquelle les billes sont placées et qui vibrent à une fréquence de 20 kHz. Le diamètre des billes couramment utilisé pour ce type de procédé varie entre 0,4 et 8 mm, ce qui est largement supérieur à ceux utilisés pour le traitement de grenaillage classique. Dans notre étude, c'est ce type de procédé SMAT que nous avons utilisé pour traiter les trois matériaux et voir l'influence de ce traitement sur les propriétés surfaciques de chaque matériau.

Figure II.1 : Photographie de la grenailleuse utilisée à l'UTT (Université de Technologie de Troyes).

Le procédé SMAT permet de réduire la taille des grains d'un facteur 1000 (passant ainsi à l'échelle nanomètrique) et augmente la proportion des joints de grains. Des études effectuées sur un alliage de titane Ti6Al4V et un acier inoxydable 316L montrent une amélioration significative de l'ensemble des propriétés mécaniques de ces deux matériaux après SMAT [Roland, 2007].

II.2.2 Principe du traitement SMAT :

La figure II.2 montre un appareillage typique pour traiter les échantillons. Les principaux paramètres de réglage du procédé sont le temps de traitement, le diamètre des billes, le nombre de billes, l'amplitude des vibrations et la température.

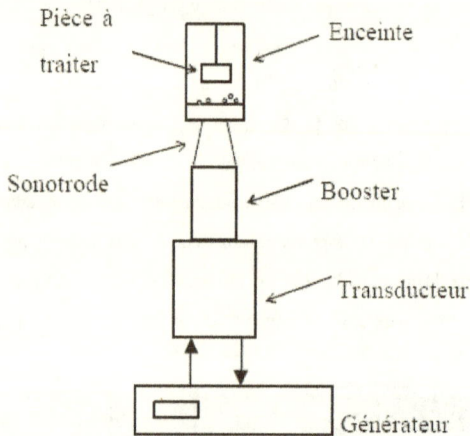

Figure II.2 : *Schéma du principe d'une grenailleuse par ultrasons.*

Cette machine repose sur le concept suivant : le système doit introduire un large nombre de défauts et/ou d'interfaces à l'intérieur de la couche superficielle de la pièce traitée afin que sa microstructure se transforme en nanocristaux. En d'autres mots, un affinement des grains est nécessaire dans la couche surfacique alors que la structure du cœur, située loin de la surface, reste inchangée.

Pour ce faire, pendant le traitement, la surface de l'échantillon est impactée de nombreuses fois sur une courte période de temps. Chaque impact induit une déformation plastique avec un large taux de déformation dans la couche superficielle de l'échantillon consécutivement aux impacts multidirectionnels répétés à fort taux de déformation.

Il résulte une déformation plastique sévère et un affinement des grains progressivement jusqu'au régime nanométrique pour la surface entière de l'échantillon. La vitesse des grenailles dans le système de vibration mécanique est difficile à évaluer. Par contre, dans le système ultrasonique, la vitesse de la grenaille est de l'ordre de 5 à 20 m/s [Pilé, 2005].

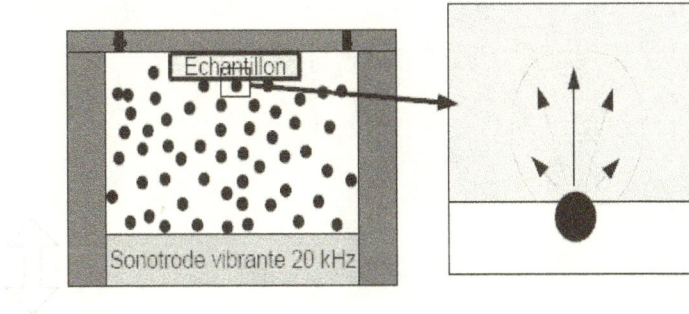

Figure II.3 : *Illustration schématique du traitement ultrasonique d'attrition mécanique de surface.*

Des résultats initiaux obtenus pour la température réelle de la surface de l'échantillon pendant le traitement montrent une température plus importante dans les cas du traitement d'attrition mécanique de surface assisté du système ultrasonique en comparaison avec des températures de surface produite par un traitement de grenaillage classique [Garnier, 2004].

Les différences majeures entre le grenaillage classique et le procédé SMAT sont les suivantes : les grenailles utilisées dans le grenaillage conventionnel sont plus petites (soit environ 200µm à 1mm) que celles des procédés SMAT (400µm à 10mm). Les formes requises de la grenaille ne sont pas les mêmes du fait de la forte déformation exigée pour produire la nanostructure par l'utilisation du procédé SMAT, des grenailles parfaitement sphériques doivent être utilisées pour réduire les risques d'usure et de dommage de la couche de surface.

Il est à noter que dans le but de réduire la taille des grains jusqu'à l'échelle nanométrique, un traitement avec des trajectoires aléatoires des grenailles est nécessaire alors que le grenaillage classique est un traitement directionnel (l'angle entre le jet de grenaille et la surface de l'échantillon est souvent proche de 90° dans la majorité des cas) [Wenxin, 2007].

La figure II.4 présente une illustration schématique des caractéristiques microstructurales et de la distribution de la déformation et de la vitesse de déformation dans la couche superficielle d'un matériau traité par SMAT.

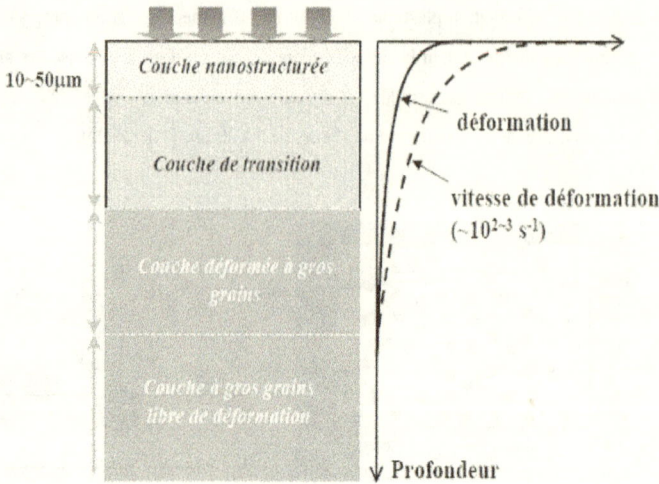

Figure II.4 : Illustration schématique des caractéristiques microstructurales et de la distribution de la déformation et de la vitesse de déformation dans la couche superficielle d'un matériau traité par SMAT.

II.2.3 Les paramètres du SMAT ultrasonique :

Il existe plusieurs paramètres qui permettent de faire varier l'intensité du traitement de nanocristallisation superficielle. Les principaux paramètres du procédé SMAT sont ici cités :

I.2.3.1 Amplitude et fréquence de vibration de la sonotrode :

La fréquence est généralement réglée sur 20kHz (début des fréquences ultrasonores). L'amplitude de vibration de la sonotrode atteint alors quelques dizaines de microns. Un régulateur peut être utilisé pour faire varier cette amplitude qui influe sur les vitesses des billes. Celles-ci sont aléatoires et inférieures à 20 m/s [Chardin, 1996]. Ces vitesses sont largement inférieures aux vitesses que l'on trouve en grenaillage classique (de l'ordre de 50 à 120 m/s) [Castex, 1991].

I.2.3.2 Caractéristique des billes (diamètre, nature et dureté) :

Ce procédé nécessite une faible quantité de billes (de l'ordre de quelques dizaines de grammes). Ce sont généralement des billes de roulement à billes en acier 100Cr6 (de dureté 60 à 65 HRC) qui sont utilisées. Leur parfaite sphéricité permet d'obtenir un meilleur état de surface qu'en grenaillage classique.

Leur utilisation limite également la formation de microfissures lors du traitement. Des billes de verre ou de céramique peuvent également être utilisées. Ce procédé permet ainsi d'obtenir des flèches Almen élevées en compensant la faible vitesse des billes par une augmentation du diamètre de celles-ci.

I.2.3.3 Géométrie de l'enceinte et position des pièces dans l'enceinte :

Il existe principalement trois formes d'enceinte (champignon, bol, bol à parois cylindriques) permettant de traiter différents types de pièces. La forme de l'enceinte, la position de la pièce par rapport à la sonotrode (parallèle ou perpendiculaire) mais également la distance entre la pièce et la sonotrode peuvent modifier le traitement de nanocristallisation superficielle.

I.2.3.4 Temps de traitement :

Les temps de traitements utilisés sont nettement supérieurs à ceux utilisés par le grenaillage classique. Afin de permettre une nanocristallisation de surface, un recouvrement total de la surface est nécessaire. La bonne sphéricité des billes employées est particulièrement importante puisqu'elle limite l'endommagement des surfaces traitées et permet donc de prolonger le traitement bien au delà d'un recouvrement total de la surface, comme c'est le cas pour la nanocristallisation.

De ce qui précède, on voit que le traitement SMAT dépend d'une multiplicité de paramètres qui rendent, par conséquent, délicats le contrôle et la reproductibilité d'une opération de grenaillage. Aussi, afin de maîtriser tant de facteurs indépendants, les utilisateurs du grenaillage emploient depuis longtemps le système de la jauge Almen.

II.2.4 Taux de recouvrement :

Le taux de recouvrement est défini comme étant le rapport de la surface effectivement grenaillée sur la surface totale à grenailler. Pour des taux supérieurs à 1, on considère les multiples du temps nécessaire pour obtenir un recouvrement de 100%. Le taux de recouvrement joue un grand rôle dans la qualité du grenaillage. En effet, un traitement de grenaillage n'est efficace que si la totalité de la surface a été recouverte par des impacts. Les taux de recouvrement généralement pratiqués dans l'industrie sont de l'ordre de 125% à 150% [Roalnd, 2007].

Chapitre II

II.2.5 Applications du SMAT :

Au cours de ces dernières années, les mécanismes de génération des nanostructures ont été examinés par plusieurs groupes de recherches. En effet, le procédé SMAT a été appliqué avec succès sur divers matériaux comme l'aluminium [Wu, 2002], le fer [Tao, 2002], le cuivre [Wang, 2002], l'alliage de titane et l'acier inoxydable [Roland, 2007]…Ce traitement peut clairement améliorer les propriétés mécaniques superficielles notamment la dureté, il peut également améliorer les propriétés tribologiques et la superplasticité à basses températures.

Un autre avantage du SMAT est sa grande amélioration de la cinétique de diffusion des atomes qui permet par exemple de réduire la température de diffusion de l'azote et du chrome.

Quelques exemples sont présentés dans le tableau II.6 :

Matériau	Amélioration des propriétés	Structure de la surface obtenue
Cu [Wang, 2002]	L'amélioration est due à la formation de macles et de sous-joints à faible désorientation	Couche surfacique nanostructurée de $35\mu m$ d'épaisseur.
Ti [Zhu, 2004]	Dureté améliorée 35%, Augmentation du module d'élasticité de 15%,	Couche superficielle nanostructurée d'environ $50\mu m$ d'épaisseur
316L [Roland, 2007]	Limite de fatigue augmente de 21% et amélioration de la résistance à l'usure.	Une couche nanostructurée d'épaisseur $40\mu m$ et la taille des grains est d'environ 20nm
Acier à bas carbone [Zhang, 2003]	Traitement de diffusion par chrome à 600°C pendant 120mn suivi d'un autre à 860°C pendant 90mn : amélioration de la microdureté, la résistance à l'usure et à la corrosion	Une couche de diffusion d'environ $20\mu m$ d'épaisseur.
AISI321	La température de nitruration de fer peut être réduite à environ 300°C et la couche de diffusion est plus épaisse : La microdureté est plus élevée, la résistance à l'usure est 3-10 fois plus importante	Présence des nanograins à la surface

Tableau II.6 : Quelques exemples d'applications du traitement SMAT.

63

II.3 Nitruration ionique :

II.3.1 Présentation du traitement de nitruration :

La nitruration d'un matériau est un traitement thermochimique qui consiste à faire diffuser l'azote dans le substrat afin d'en améliorer les qualités de surface. Les propriétés superficielles recherchées et obtenues après la formation des nitrures sont mécaniques et physico-chimiques : accroissement de la dureté, résistance au grippage, augmentation de la limite de fatigue, et amélioration de la résistance à la corrosion.

Le traitement de nitruration permet de durcir le matériau en surface et de ce fait lui confère des améliorations telles qu'une augmentation de la résistance à l'usure et à la corrosion.

Au vu des propriétés conférées par la nitruration, les aciers non-alliés, les aciers alliés, les aciers inoxydables, les composants en alliage de titane et l'aluminium sont les principaux matériaux bénéficiant de ce traitement dans l'industrie [Ani, 2004]. A ce jour, la nitruration est couramment utilisée dans les industries aéronautiques pour le traitement des pièces de moteurs et des turbines, et dans le domaine biomédical.

La nitruration ionique utilisée dans cette étude est réalisée dans une enceinte contenant un mélange gazeux à base d'azote sous une pression de 10 à 1000 Pa. Une tension continue est appliquée entre deux électrodes, l'échantillon faisant office de cathode et les parois de la cuve d'anode. Cela provoque une décharge luminescente à l'origine de la formation d'un état plasmagène autour de la pièce à traiter. Les ions négatifs du plasma sont attirés vers l'anode et les ions positifs vers la cathode. Ainsi, les ions azote sont attirés vers la pièce à traiter et le processus d'absorption conduit à la formation de nitrures et à la diffusion d'azote atomique à travers la pièce. Les temps de traitement peuvent varier de 1 à 30 heures et l'énergie de 1-2 à 200 eV. Ce procédé est aussi appelé nitruration plasma (ou encore PAN Plasma Assited Nitriding dans la littérature).

Le four de nitruration utilisé pour traiter les échantillons de l'alliage de titane Ti6Al4V est présenté dans la figure II.5 :

Figure II. 5 : Four de nitruration (CRITT).

II.3.2 Application de la nitruration sur l'alliage de titane Ti6Al4V :

L'implantation ionique est un moyen de durcir la surface d'alliages, en utilisant de hautes énergies. Les ions azote sont bombardés vers la surface de la pièce à traiter par l'intermédiaire d'un faisceau d'ions N_2 et Ar. Ces traitements sont réalisés entre 500 et 900°C de 30 minutes à 20 heures. La dureté obtenue pour un Ti6Al4V est de l'ordre de 800 Hv et la couche de combinaison d'environ 5 μm [Ani, 2004]. L'inconvénient principal de cette technologie est l'utilisation d'un faisceau qui balaye la surface à traiter. Des techniques d'implantation ionique par immersion d'ions ont été développées pour y remédier.

Un modèle de diffusion de l'azote dans le titane pur, de formation et d'accroissement des couches a été suggéré [Ani, 2004]. L'azote absorbé en surface du matériau diffuse dans le titane en formant une solution interstitielle dans la phase αTi. Cette couche est appelée zone de diffusion et le mécanisme se poursuit jusqu'à saturation. Une nouvelle phase Ti_2N se forme alors en surface du matériau, avec un accroissement de la concentration d'azote. A nouveau stoppé lorsque cette dernière est trop élevée, ce mécanisme est suivi par la transformation en surface de la phase Ti_2N en phase TiN. Cette ensemble de deux phases en surface du matériau est appelé couche de combinaison. Néanmoins, les éléments d'alliage peuvent modifier cette cinétique.

Selon Mubarak Ali et al. [Mubarak, 2009], différents paramètres influencent le résultat de la nitruration plasma : température, temps, mélange gazeux, débit, pression, tension et densité de courant.

Les paramètres majeurs sont la température et le temps qui agissent sur diverses propriétés telles que l'épaisseur des couches nitrurées, la dureté en surface, la rugosité, la résistance à l'usure ou encore à la corrosion. La température agit sur la profondeur de nitruration. En effet, les couches de combinaison et de diffusion étant d'autant plus importantes à mesure que la température augmente. Elle agit également sur la dureté qui peut être optimisée par des températures de traitements plus élevée, mais elle a un effet inverse sur la résistance en fatigue du Ti6Al4V. Le temps de traitement permet également l'augmentation de l'épaisseur des couches nitrurées et de la dureté du matériau.

Il a été montré que la nitruration de l'alliage de titane Ti6Al4V à haute température (autour de 850 °C) dégradait sa résistance à la fatigue. Cela a été attribué au grossissement des grains lors du traitement et à la couche de combinaison qui présente une faible résistance à la rupture. Pour contourner ce problème des nitrurations à basse température ont été proposées (en dessous de 600 °C) [Mubarak, 2009].

Les mélanges gazeux ont aussi leur importance : un environnement d'azote pur va favoriser la formation d'une phase de TiN, alors que l'addition d'hydrogène augmentera la solubilité de l'azote dans le titane ainsi que la dureté du matériau.

II.4 Techniques de caractérisation :

Dans ce paragraphe nous allons rappeler brièvement le principe de fonctionnement des différents moyens de caractérisation de la surface des échantillons des différents matériaux, à savoir le microscope optique, la microscopie électronique à balayage (*MEB*). La spectroscopie de photoélectron X (*XPS*) et l'analyse dispersive en énergie (EDX) sont également présentées.

II.4.1 Le Microscope Optique :

Pour observer les échantillons, nous avons utilisé un microscope optique de marque Olympus. Pour mesurer les épaisseurs des couches, nous avons utilisé le logiciel d'analyse d'images (AnalySIS FIVE) couplé au microscope optique. Les épaisseurs sont mesurées en des endroits différents de la pièce traitée par SMAT et/ou par nitruration ionique.

II.4.2 Le Microscope Electronique à Balayage (MEB) :

Le MEB est actuellement la technique la plus utilisée en matière de topographie à l'échelle microscopique. Son avantage considérable par rapport à des microscopes optiques, par exemple, réside dans le fait que l'image ne souffre pas d'une profondeur de champ limitée.

Dans cette étude nous avons employé un microscope électronique à balayage Hitachi S4700 (Figure II.6) afin de pouvoir déterminer l'état de surface du matériau avant et après traitement.

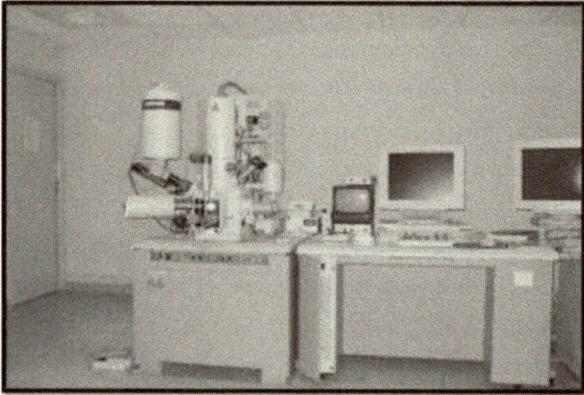

Figure II.6 *: Photo du Microscope électronique à balayage Hitachi S4700 (Roberval UTC).*

Le principe de la microscopie électronique à balayage consiste à balayer la surface d'un échantillon par un faisceau d'électrons finement localisé pour en collecter, par détecteurs respectifs, les électrons secondaires et les électrons rétrodiffusés. Le matériau analysé doit être conducteur afin d'éviter des phénomènes de charges dus aux électrons

II.4.3 La Spectroscopie de Photoélectrons X (XPS) :

Le principe de l'*XPS* (*X-ray Photoelectron Spectroscopy*) repose sur la mesure de l'énergie cinétique E_C du photoélectron éjecté de son orbite après l'envoi de rayons X sur l'échantillon placé sous vide (10^{-7} torrs) (Figure II.7). Le tube à rayons X est équipé d'un monochromateur capable de sélectionner une longueur d'onde de travail.

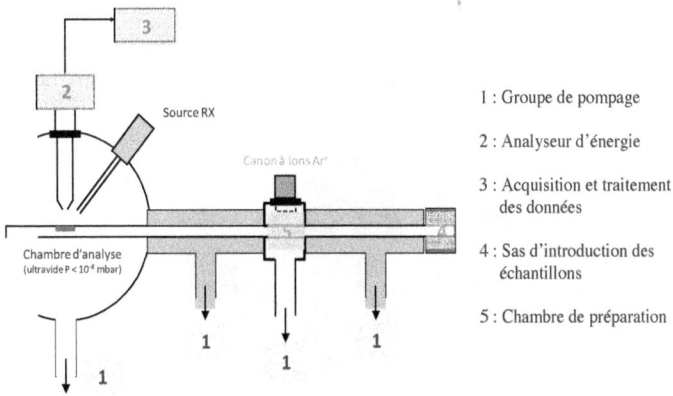

1 : Groupe de pompage

2 : Analyseur d'énergie

3 : Acquisition et traitement
des données

4 : Sas d'introduction des
échantillons

5 : Chambre de préparation

Figure II.7 : *Schéma de principe d'un spectroscope XPS.*

Sachant que les électrons sont liés au noyau par une énergie de liaison E_L, le bilan énergétique est le suivant :

$$h\upsilon_0 = E_C + E_L + e\phi$$

Cette équation établit une relation entre les énergies E_C, E_L, $h\upsilon_0$ (énergie en eV envoyée par la source focalisée sur une longueur d'onde de travail) et $e\Phi$ correspondant à l'énergie d'extraction propre à chaque spectromètre (de l'ordre de quelques eV).

Les signaux détectés se présentent sous forme d'un spectre d'intensités des photoélectrons (nombres de coup par seconde) en fonction de l'énergie cinétique correspondante. La mesure de E_C permet d'atteindre les énergies de liaison, rapportées au niveau de Fermi des éléments et répertoriés dans les tables de Siegbahn.

D'un point de vue appliqué, l'*XPS* permet d'effectuer des analyses élémentaires qualitatives (détection au $1/100^{ème}$ de monocouche) et semi-quantitative (proportion d'un atome par rapport à l'autre en se basant sur les intensités des éléments). Des informations concernant l'environnement chimique telles l'état des liaisons, le degré d'oxydation ou encore la coordinence sont également accessibles par le biais de cette technique.

La figure II.8 représente le spectromètre XPS, (type ESCALAB 250) utilisé pour analyser les échantillons traités.

Figure II.8 : Spectromètre XPS, ESCALAB 250 – (CRITT MDTS).

Dans notre travail, les analyses ont été effectuées à l'aide d'un spectromètre ESCALAB 250 (Figure II.8), utilisant une source Al Kα (1486,6 eV). L'angle du faisceau incident était de 90° pour tous les échantillons analysés. La caractérisation par *XPS* a été effectuée sur des échantillons bruts et traités après immersion dans une solution de Ringer à 37°C. Les analyses ont été effectuées sur des échantillons (diamètre 10mm et épaisseur 2mm) non polis pour garder le film passif formé à la surface. Les échantillons sont dégraissés à l'eau distillée puis séchés sous un flux d'air, avant d'être introduits dans le réacteur plasma. Un premier calibrage de l'échelle de l'énergie de liaison a été effectué en utilisant les positions des pics de Cu2p3/2 (932,7 eV), Ag3d$_{5/2}$ (368,2 eV) et Au4f$_{7/2}$ (84 eV) et un second calibrage interne est référencé par rapport à C1s d'énergie de liaison de 285 eV pour les espèces aliphatiques.

II.4.4 Principe de la mesure par EDX :

L'EDX est une technique d'analyse dispersive en énergie permettant de déterminer des éléments chimiques à la surface d'un matériau. Un faisceau d'électrons est envoyé sur l'échantillon à analyser. Cet apport d'énergie fait passer les électrons de la couche supérieure des atomes visés d'un état stable à un état excité. En revenant à leur état de stabilité, il y a un dégagement d'énergie sous forme de photons X apparaît. L'analyse du rayonnement de ces photons X permet de déterminer la nature des atomes présents sur l'échantillon (figure II.9).

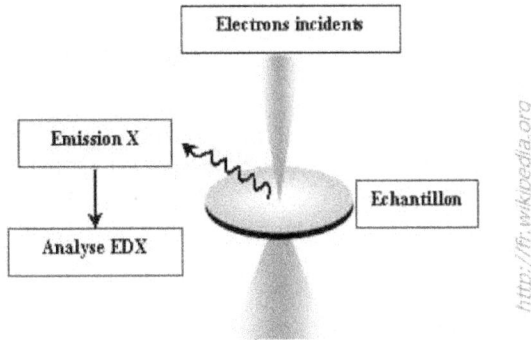

Figure II.9 : Principe de la diffraction EDX.

II.5 Techniques électrochimiques :

Dans le cadre des études concernant la biocompatibilité, l'évaluation in vitro par des techniques électrochimiques est indispensable. Ces techniques constituent une méthode plus complète puisqu'elles étudient la base même du phénomène de corrosion, le processus électrochimique. L'aspect quantitatif de ces techniques (courbes de polarisation à vitesse de balayage modérée, spectroscopie d'impédance électrochimique,...) permet d'accéder à des vitesses de réaction et des valeurs de paramètres physiques décrivant l'état du système (capacité de double couche, résistance de transfert de charges...).

Les méthodes électrochimiques utilisées dans notre travail sont les suivantes : le suivi du potentiel libre, les courbes de polarisation et la spectroscopie d'impédance électrochimique.

II.5.1 Dispositif expérimental des cellules électrochimiques :

Les expériences électrochimiques sont effectuées dans une cellule cylindrique, équipée d'un montage conventionnel à trois électrodes, l'échantillon comme électrode de travail, le platine comme électrode auxiliaire et une électrode au calomel $Hg / Hg_2Cl_2 / KCl$ saturée (ECS) comme électrode de référence. L'électrolyte utilisé dans toute l'étude électrochimique est la solution de Ringer. Le volume d'étude étant de 250 ml. Le pH de la solution est $7,2\pm0,1$.

La solution de Ringer est l'une des solutions artificielles les plus employées pour étudier la corrosion, en milieu physiologique simulé, de différents alliages pour les applications biomédicales notamment les prothèses de hanche [Sinnet, 2005].

Cet électrolyte, systématiquement changé avant chaque manipulation, était contenu dans une cellule. Un bain thermostaté permet la régulation de la température et la maintenir à 37°C. Aucune désaération ou aération n'a été imposée à la solution dans la cellule avant les essais électrochimiques.

La composition chimique de la solution de Ringer est reportée dans le tableau II.7 :

Composition	NaCl	CaCl$_2$	KCl
C (g/l)	8,60	0,32	0,3

Tableau II.7 : *Composition chimique de la solution de Ringer.*

La figure II.10 présente une photo du montage de la cellule électrochimique avec les trois électrodes.

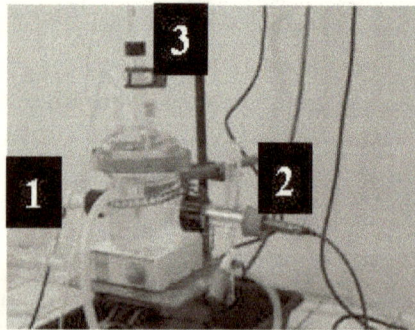

Figure II.10 : *Photographie de la cellule électrochimique. 1 : électrode de travail, 2 : électrode de platine, 3 : électrode au calomel saturé.*

Les expériences sont conduites avec un potentiostat de type Gamry (Gamry instruments). Ce type d'appareil à très haute impédance d'entrée permet d'imposer un potentiel entre le matériau à étudier et l'électrode de référence. Dans son principe, un potentiostat (Figure II.11), mesure la différence de potentiel entre les électrodes de travail (ET) et de référence (Réf) d'une cellule à trois électrodes fait passer un courant I_c dans la cellule par l'intermédiaire de la contre électrode (CE) et mesure le courant à l'aide de la chute ohmique I_c R_m aux bornes de la résistance R_m [Gokul, 2001].

L'amplificateur opérationnel AO sert à maintenir la différence de potentiel entre la référence et l'électrode de travail aussi proche que possible du potentiel d'entrée de la source E_i. Il ajuste sa sortie pour contrôler automatiquement le courant dans la cellule de telle sorte que la différence de potentiel entre référence et travail soit aussi proche que possible de E_i.

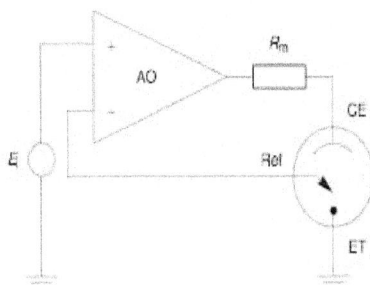

Figure II.11 : *Schéma de principe d'un potentiostat.*

II.5.2 Suivi du potentiel libre :

Entre un métal plongé dans une solution et cette solution, il existe une différence de potentiel (d.d.p.) égale à la différence des potentiels internes des deux phases, appelée tension absolue d'électrode. Cette d.d.p. est localisée dans l'interface électrode/solution, sur une faible distance.

Pour mesurer le potentiel d'une électrode de travail plongée dans une solution, il faut introduire une sonde de potentiel électrique dans cette solution. Mais cette sonde au contact de la solution joue le rôle d'une seconde électrode. On ne peut donc mesurer que la différence des potentiels internes des deux conducteurs électroniques. Lorsque la sonde de potentiel constitue une référence (électrode dont le potentiel est invariant dans le temps et quel que soit l'électrolyte), il est alors possible de déterminer le potentiel interne de l'électrode de travail par rapport à cette électrode de référence.

Le suivi du potentiel libre dans le temps nous renseigne sur l'évolution de la noblesse des échantillons et sur les phénomènes qui se déroulent à l'interface électrode de travail/électrolyte. Cette mesure permet également de connaître la durée d'immersion nécessaire à l'établissement d'un régime stationnaire indispensable aux mesures potentiodynamiques ou d'impédance électrochimique. La valeur du potentiel à l'équilibre est le potentiel de corrosion. La grandeur issue de cette mesure ne renseigne cependant pas sur la cinétique et ne permet donc pas d'accéder à la vitesse de corrosion. Pour ce faire, des courbes de polarisations ont été réalisées.

Pour toutes les expériences de cette étude, nous avons effectué des suivis de potentiel libre en fonction du temps d'immersion afin de vérifier la stabilité et la reproductibilité de ce potentiel.

II.5.3 Courbes de polarisation :

Un métal plongé dans un milieu électrolytique quelconque tend à se dissoudre et à se charger électriquement avec création d'une double couche électrochimique assimilable à un condensateur électrique. Au bout d'un temps suffisamment long pour qu'un régime stationnaire soit établi, l'électrode métallique prend par rapport à la solution un potentiel, appelé potentiel de corrosion (E_{corr}). Ce potentiel ne peut être connu qu'en valeur absolue. Il est repéré par rapport à une électrode de référence.

Pour déterminer une courbe de polarisation potentiostatique, on applique différents potentiels entre l'électrode de travail et une électrode de référence, on mesure le courant stationnaire qui s'établit après un certain temps dans le circuit électrique entre cette électrode de travail et une contre-électrode (Figure II.12).

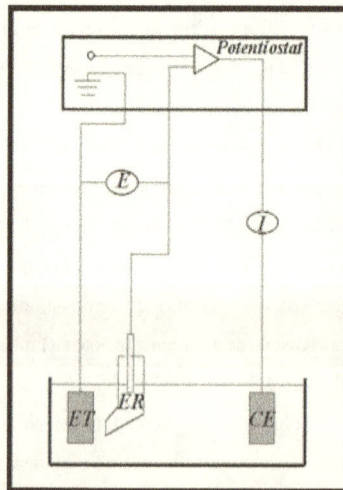

Figure II.12 : *Dispositif de mesure d'une courbe de polarisation potentiostatique. ET : électrode de travail, ER : électrode de référence, CE : contre électrode.*

Cette méthode permet de déterminer d'une façon précise les paramètres électrochimiques d'un métal au contact d'un électrolyte à savoir : la vitesse instantanée de corrosion (I_{coor}), le potentiel de corrosion (E_{corr}), les pentes de Tafel, la résistance de polarisation (R_p), les courants limites de diffusion...

Cette méthode donne également des mesures rapides et sa mise en œuvre est relativement simple.

La détermination de la vitesse de corrosion à partir des courbes de polarisation est étroitement liée à la cinétique régissant le processus électrochimique interfacial. On distingue trois principaux types de cinétique :

> Cinétique d'activation (ou transfert de charges) : dans ce cas on obtient une relation linéaire entre le potentiel et le logarithme du courant mesuré $E = b\ log\ i + a$ (loi de Tafel). L'extrapolation de la droite de Tafel au potentiel de corrosion fournit le courant de corrosion (figure II.13.a). La densité de courant de corrosion n'est pas affectée par la rotation de l'électrode de travail.

> Cinétique de diffusion (ou transfert de la matière) : les courbes de polarisation font apparaître un palier de diffusion auquel correspond un courant limite I_L. La vitesse de corrosion égale à la densité du courant limite de diffusion. Dans ce cas la vitesse de corrosion est affectée par l'agitation de la solution ou de la rotation de l'électrode (Figure II.13.b).

> Cinétique mixte : grâce à une correction de diffusion à l'aide de la formule :

$$\frac{1}{I} = \frac{1}{I^*} + \frac{1}{I_L}$$

Où I est le courant mesuré, correspond au processus mixte, I^* : le courant corrigé de la diffusion et I_L : le courant du palier de diffusion. On obtient une relation linéaire de type de Tafel et I_{corr} est obtenu par extrapolation au potentiel de corrosion, comme dans le cas d'une cinétique d'activation pure (Figure II.13.c) [Bouanis, 2009].

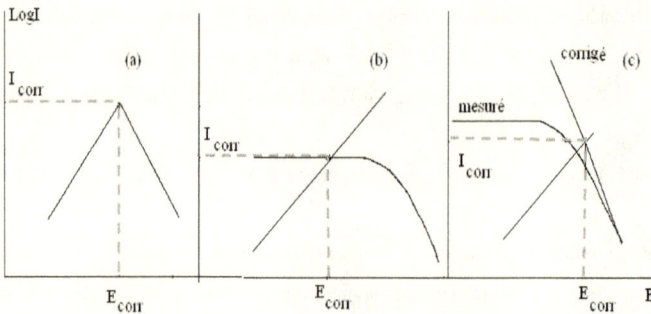

Figure II.13 : *Représentation schématique des courbes intensité-potentiel caractéristiques d'une cinétique : d'activation(a), sous contrôle diffusionnel (b) sous contrôle mixte(c).*

Dans notre travail, les mesures électrochimiques sont réalisées avec un montage comprenant un potentiostat Gamry piloté par un logiciel d'analyse «Voltalab 4». L'électrode de travail, sous forme d'une plaque (2cm de longueur et 1cm de largeur) est introduite après enrobage dans la cellule électrochimique et disposée face à la contre électrode de platine. L'électrode auxiliaire de platine est séparée du compartiment de travail à l'aide d'une paroi de verre fritté pour éviter la contamination par l'oxygène généré à sa surface. Tous les potentiels sont référencés à l'électrode de calomel saturée (ECS), qui est disposée dans un récipient en verre rempli d'électrolyte, en contact avec la cellule par un capillaire fin (capillaire de Luggin) dont l'extrémité est placée près de l'électrode de travail pour minimiser l'influence de la chute ohmique.

Le potentiel appliqué à l'échantillon varie de façon continue, avec une vitesse de balayage égale à 5 mV/s, de -1000 mV jusqu'à +1000 mV *vs. ECS*.

Cette méthode permet d'estimer assez rapidement les vitesses de corrosion. Elle est suffisamment sensible pour déterminer à la fois les fortes et les faibles vitesses de corrosion. Sa mise en œuvre est relativement aisée dans le cadre d'un laboratoire, néanmoins il faut noter que son principe repose essentiellement sur l'hypothèse selon laquelle les réactions anodique est cathodique occupent chacune la totalité de la surface et prend en considération le potentiel mixte et non pas le potentiel d'équilibre thermodynamique.

Ces techniques stationnaires restent toutefois insuffisantes pour caractériser des mécanismes complexes, mettant en jeu plusieurs étapes réactionnelles et ayant des cinétiques caractéristiques différentes. L'utilisation des techniques transitoires devient alors indispensable.

Chapitre II

II.5.4 Spectroscopie d'impédance électrochimique :

II.5.4.1 Définition et principe :

La mesure de l'impédance électrochimique consiste à étudier la réponse du système électrochimique, suite à une perturbation qui est, le plus souvent, un signal alternatif de faible amplitude. Ce système peut être considéré comme étant une « boîte noire » qui réagit en émettant un signal *y(t)* quand il est soumis à une perturbation *x(t)* (Figure II.14).

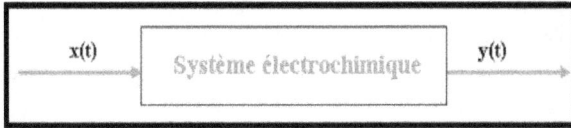

Figure II.14 : Schéma de mesure de l'impédance.

La force de cette méthode est de différencier les phénomènes réactionnels par leur temps de relaxation. Seuls les processus rapides sont caractérisés à haute fréquence ; lorsque la fréquence appliquée diminue, apparaîtra la contribution des étapes plus lentes, comme les phénomènes de transport ou de diffusion en solution [Landot, 1993]. En pratique, la mesure d'impédance consiste à surimposer, à un point de fonctionnement stationnaire, une perturbation sinusoïdale ΔE de faible amplitude notée $|\Delta E|$ et de pulsation $\omega = 2\Pi f$ (en rad.s^{-1}), le potentiel imposé à l'électrode égal à $E(t) = E + \Delta E$ avec ($\Delta E = |\Delta E| \exp(jwt)$). Il en résulte alors un courant sinusoïdal ΔI de même pulsation ω, superposé au courant stationnaire I, tel que $I(t) = I + \Delta I$ avec $\Delta I = |\Delta I| \exp(j(wt - \phi))$, Φ correspondant au déphasage du courant alternatif par rapport au potentiel.

II.5.4.2 Représentation complexe de l'impédance :

L'impédance $Z(\omega)$ est associée à un nombre complexe qui peut être représentée :

• Soit en coordonnées polaires, en fonction du module |Z|, et du déphasage ϕ

$$Z(w) = |Z| \exp(j\phi)$$

• Soit en coordonnées cartésiennes Re(Z) et Im(Z) représentant respectivement les partie réelle et imaginaire de l'impédance j étant définie tel que $j^2 = -1$:

$$Z(w) = \mathrm{Re}(Z) + \mathrm{Im}(Z)$$

76

Les relations entre ces quantités sont :

$$|Z|^2 = [\operatorname{Re}(Z)]^2 + [\operatorname{Im}(Z)]^2 \qquad ; \qquad \phi = \arctan\frac{\operatorname{Im} Z}{\operatorname{Re} Z}$$

$$\operatorname{Re} Z = |Z|\cos\phi \qquad\qquad ; \qquad \operatorname{Im} Z = |Z|\sin\phi$$

L'impédance électrochimique est représentée soit dans le plan réel (diagramme de Bode : module et phase d'impédance en fonction de la fréquence) soit dans le plan complexe (diagramme de Nyquist : l'opposé de la partie imaginaire en fonction de la partie réelle de l'impédance). Ces deux représentations traduisent la variation de Z en fonction de la fréquence f, Avec : $f = \dfrac{w}{2\pi}$

II.5.4.3 Diagramme de Nyquist / Diagramme de Bode :

La figure II.15 donne un exemple de diagramme de Nyquist correspondant à un circuit RC, c'est-à-dire un circuit constitué d'une résistance et d'un condensateur.

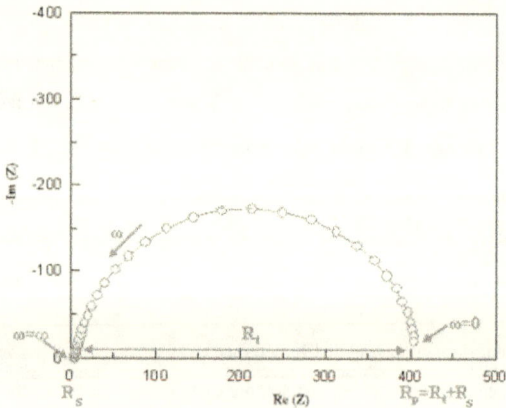

Figure II.15 : Diagramme de Nyquist pour un circuit RC.

Elle reprend les deux types de coordonnées décrites par les équations précédentes (paragraphe II.5.4.2). L'axe des abscisses représente Re(Z) et l'axe des ordonnées -Im(Z). Chaque point du demi-cercle correspond à une valeur particulière de ω. Il permet de déterminer les paramètres R_S *(résistance de l'électrolyte)* et R_{tc} *(résistance de transfert de charge)* et de calculer C_{dl} *(capacité de la double couche)*.

Chapitre II

Les diagrammes de Nyquist ne sont pas assez précis pour déterminer certaines boucles mal définies ou mal séparées, et ne sont pas adaptés lorsque les valeurs de R_S et R_{tc} sont très différentes. Les diagrammes de Bode permettent de mieux visualiser les points d'inflexion du module de l'impédance, les variations de phases ainsi que les différentes constantes de temps des phénomènes électriques et/ou électrochimique mis en jeu.

Pour un système simple, une interface métal/solution avec formation d'une double couche, les diagrammes de Bode ont une forme correspondant à la figure II.16.

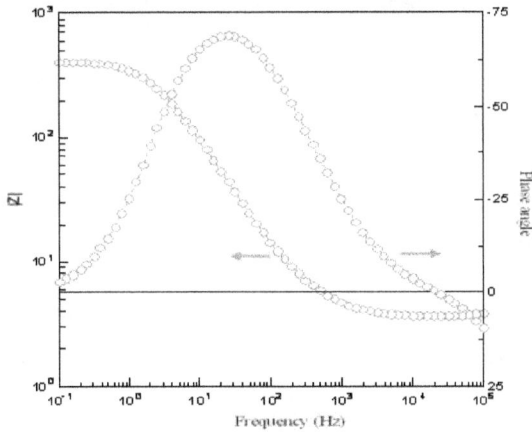

Figure II.16 : *Variation du module et de la phase en coordonnées de Bode correspond à une interface métal/solution.*

II.5.4.4 La décomposition de l'impédance en éléments électriques simples et recherche d'un circuit électrique équivalent :

L'objectif de l'analyse d'un spectre d'impédance permet d'associer à chacune des étapes observables sur les diagrammes de Nyquist et/ou Bode des grandeurs physiques représentatives. Ceci peut être abordé par la modélisation du spectre en proposant un circuit électrique équivalent (*CEE*), composé d'un certain nombre d'éléments simples ; les éléments les plus couramment utilisés sont donnés dans le tableau II.8 :

Composant électrique	Impédance	Unité
Résistance R	R	$[\Omega.cm^2]$
Capacité C	$\dfrac{1}{jCw}$	$[F.cm^{-2}]$
Inductance L	jLw	$[H.cm^2]$

Tableau II.8 : Impédance des composants électriques élémentaires.

La valeur de la capacité est souvent représentée par un élément à phase constante (« *Constant Phase Element* »), de manière à ajuster les déviations d'un comportement diélectrique idéal, et caractérisé par un déphasage *n* compris entre 0 et 1. L'origine de cette déviation est essentiellement attribuée à des inhomogénéités de surface de l'électrode [Stoynov, 1991] [Rammelt, 1987] : celles-ci proviennent soit de la formation de produits de corrosion ou encore de l'oxydation du métal et induisent ainsi une modification de la surface active de l'électrode comme cela est décrit sur la figure II.17. Pour exemple, ce comportement lié au déphasage n'est pas obtenu sur l'électrode de mercure : en effet, tout comme un liquide, celle-ci est parfaitement lisse à l'échelle atomique [Essalah, 2004].

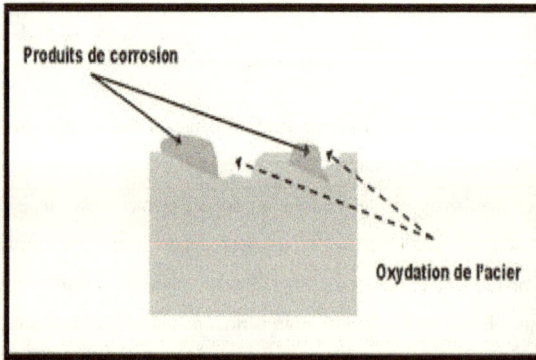

Figure II.17 : Inhomogénéités à la surface de l'acier, observées après immersion de l'électrode dans l'électrolyte.

D'autres auteurs attribuent encore ce déphasage à des impuretés ou des dislocations [Stoynov, 1991] [Growcock, 1989], à l'adsorption de l'inhibiteur [Hermas, 2004] [Popova, 1996], à la formation d'une couche poreuse, à des variations d'épaisseur ou de composition d'un film ou revêtement à la surface de l'électrode [Lopez, 2003] [Schiller, 2001]. L'élément à phase constante *(CPE)* est décrit par l'équation suivante [Stoynov, 1990] :

$$Z_{CPE} = A^{-1}(i\omega)^{-n}$$

Où *A* est un coefficient de proportionnalité, ω est la fréquence angulaire (en rad s-1) et $i^2 = -1$ est un nombre imaginaire et *n* est lié au déphasage [Lopez, 2003] [Stoynov, 1990]. Pour des nombres entiers de *n* = 1, 0, -1, la CPE est réduite respectivement à un condensateur plan *(C)*, à une résistance *(R)* et à une inductance *(L)*. Quand *n* = 0,5, il s'agit de l'impédance de Warburg *(W)*.

L'interprétation des diagrammes par l'intermédiaire de Circuit Electrique Equivalent (CEE) doit respecter deux conditions primordiales :

- Tous les éléments du circuit doivent avoir une signification physique précise, associée aux propriétés physiques du système ;
- Le spectre simulé à partir du CEE doit être le plus fidèle possible au spectre expérimental et l'erreur ne doit pas présenter de caractère systématique en fonction de la fréquence.

II.5.4.5 Les différents modèles de circuit électrique équivalent :

Il existe plusieurs modèles de circuits équivalents fréquemment rencontrés. Le plus simple sert à modéliser le comportement d'électrodes bloquantes, c'est-à-dire que l'électrode est placée dans des conditions telles qu'il ne se produit pas de réaction faradique. Ce circuit est constitué d'une résistance d'électrolyte (R_S) branchée en série avec une capacité interfaciale *(C)* ou un *(CPE)* (Q_0, α) si le comportement est non idéal (figure II.18a et b). Selon le type d'échantillon, cette capacité peut être une capacité de double couche, film d'oxyde, ...

Quand il y a une réaction faradique, le modèle devient plus complexe. Ainsi, s'il n'y a pas de contrôle diffusionnel, le schéma classiquement utilisé est celui présenté sur la figure II.18c. C'est une évolution du modèle de l'électrode bloquante où une résistance R_{tc} traduisant le transfert de charge est branchée en parallèle avec la capacité de double couche (C_{dc}). Par contre, en cas de contrôle diffusionnel, il faut ajouter, en série avec la résistance de transfert de charge, une impédance de Warburg *(W)* comme il est indiqué sur la figure II.18d. Ce circuit est connu sous le nom de modèle de Randles. Le choix du type d'impédance de Warburg se fait en fonction des conditions expérimentales.

Dans l'étude des électrodes recouvertes par un film polymère (peinture), le modèle le plus répandu est le modèle proposé par Beaunier [Beaunier, 1976]. Il est présenté sur la figure II.18e. Ici, un premier groupe de composants est associé aux caractéristiques du film avec R_{pore} (résistance de pore) et C_f (capacité de film), et un second traduit les processus se déroulant à l'interface métal/peinture (R_{tc} et C_{dc} cités précédemment).

Il existe bien d'autres types de circuits équivalents, chacun d'entre eux décrivant un système particulier. La manière dont est branché chaque composant ainsi que l'ordre de leur apparition sont importants, à la fois pour le calcul de l'impédance et pour la lisibilité du modèle. Il faut suivre la logique physique du système : les processus successifs sont branchés en série alors que les processus simultanés sont branchés en parallèle.

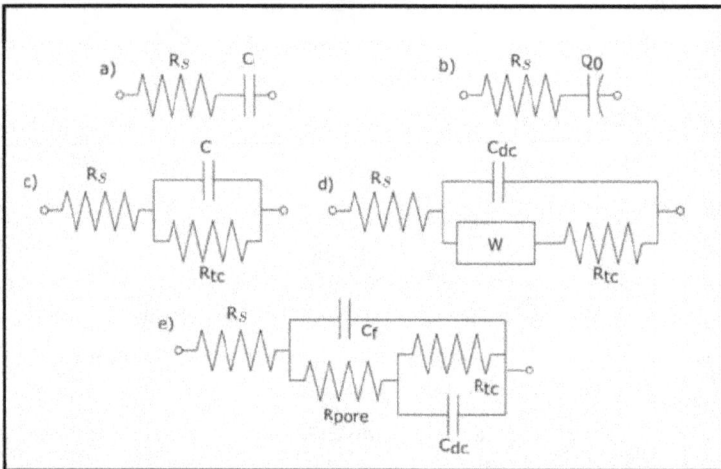

Figure II.18 : *Schémas de circuits électriques équivalents fréquemment rencontrés : a) électrode bloquante idéalement polarisable, b) électrode bloquante avec comportement CPE, c) électrode avec réaction faradique sans contrôle diffusionnel, d) modèle de Randles et e) modèle du film de peinture* [Bouanis, 2009].

Dans notre travail, les mesures d'impédance électrochimique sont effectuées à l'aide d'un système électrochimique Gamry-Femtrostat piloté par un logiciel d'analyse «Gamry Echem Analyst». Les échantillons de dimension $20 \times 10 \times 3 \ mm^3$, exposant une surface rectangulaire de 2 cm^2 à la solution, sont utilisés comme électrode de travail. Tous les potentiels ont été mesurés par rapport à l'électrode de référence au calomel saturée. Les mesures d'impédance sont effectuées dans une solution de Ringer à 37 °C. L'amplitude de la tension sinusoïdale appliquée au potentiel de polarisation est de 10 mV crête à crête, à des fréquences comprises entre 10^{-1} Hz et 100 kHz.

II.6 Caractérisations mécaniques :

II.6.1 La microdureté Vickers :

Précédemment, nous avons vu qu'une des conséquences fondamentales d'un prétraitement mécanique de la surface réside dans l'augmentation de la dureté superficielle due principalement à deux mécanismes : le renforcement des joints de grain et l'écrouissage. C'est pourquoi dans cette partie, nous détaillons la technique de la mesure de dureté qui s'avère être une analyse essentielle à réaliser sur les échantillons prétraités. De même, après un traitement thermochimique, une couche apparaît en surface et elle est généralement plus dure que le matériau de base.

II.6.1.1 Principe :

La méthode d'évaluation de la dureté Vickers a été conçue dans les années 1920 par les ingénieurs de la société Vickers en Angleterre. Elle est caractérisée par une empreinte faite par un indenteur sous une charge donnée durant 15 secondes. L'indenteur est formé d'une pyramide normalisée en diamant de base carrée et d'angle au sommet entre face égal à 136°. L'empreinte a donc la forme d'un carré dont on mesure les diagonales (d_1 et d_2) à l'aide d'un microscope optique. On obtient une valeur « d » de cette diagonale en effectuant la moyenne de d_1 et d_2. La valeur d est utilisée pour le calcul de la dureté. La force et la durée de l'appui sont également normalisées. Un schéma de dispositif de la mesure de la dureté Vickers est présenté sur la figure II.19.

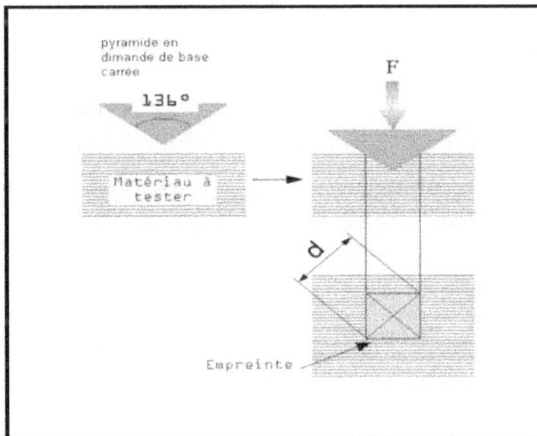

Figure II.19 : Principe de la mesure de la dureté Vickers.

La dureté Vickers (**Hv**) est calculée grâce aux dimensions de l'empreinte résiduelle selon l'équation :

$$H_v = 1,854 \frac{P}{d^2}$$

Avec : H_v : la dureté Vickers

P : la charge en (g)

d : la moyenne des diagonales en (mm)

Dans cette étude, cet essai est appliqué sur tous les matériaux étudiés avant et après traitement. Bien qu'homogène à une contrainte, la dureté est en général donnée sans unité.

II.6.1.2 Préparation des échantillons :

Pour les mesures de profils de microdureté, la préparation des échantillons a un rôle déterminant. En effet, le polissage mécanique de la surface induit des déformations plastiques et il faut donc veiller à éliminer complètement la couche écrouie. La procédure de polissage doit préserver la structure cristalline de l'échantillon au voisinage de la surface analysée, en éliminant le mieux possible les couches superficielles oxydées ou la contamination de surface, sans écrouissage superficiel ni rugosité excessive. C'est pourquoi, les échantillons ont subi le protocole de polissage suivant (les échantillons sont polis miroir suivant la séquence de polissage : papier SiC grade 180, 320, 800, 1200 et puis à la pâte diamant 6 µm et 3 µm) et un polissage mécano-chimique final à la silice colloïdale 0,03 µm (OPS de chez STRUERS) a été réalisé pour éliminer la couche écrouie.

Les essais de microdureté ont été conduits sur les échantillons bruts, SMATés et/ou nitrurés à l'aide d'un microduremètre de type Vickers en utilisant différentes charges (200, 500 et 1000 g). Chaque valeur reportée sur les courbes est la moyenne de cinq mesures à différentes places de la surface de l'échantillon afin de réduire l'incertitude.

II.6.2 Nanoindentation :

La nanoindentation est une technique permettant l'évaluation de la dureté et du module d'élasticité d'un matériau par l'enfoncement d'une pointe. Cela demande des appareils très sensibles et précis. La mesure par nanoindentation nécessite d'appliquer et de contrôler des charges aussi faibles que quelques dizaines de micro-Newtons (µN) [Beyaoui, 2009].

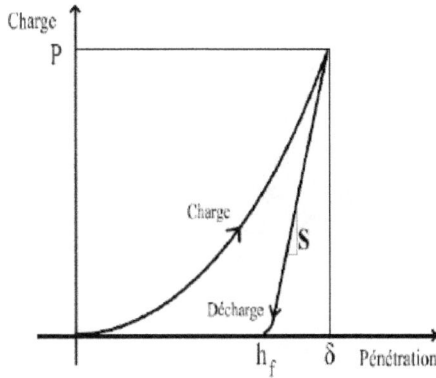

Figure II.20 : *Représentation schématique de la courbe charge/déplacement obtenue par indentation instrumentée.*

L'avantage de l'instrument de nanoindentation est sa capacité à mesurer avec une résolution nanométrique, la profondeur de pénétration allant jusqu'à quelques micromètres. Les indentations, à cette échelle, permettent d'évaluer les propriétés mécaniques des films minces, sans qu'elles soient influencées par le substrat. La dureté, H, et le module d'élasticité, E, sont en effet déduits de l'analyse des courbes charge-déplacement (P-h).

Les essais ont été réalisés sur un 'Nanoindenter XP' (MTS System Corp. Oak Ridge), équipé d'une pointe Berkovich en diamant (E=1141 GPa, n=0,07).

La figure II.21 montre une représentation schématique d'un dispositif de nanoindentation.

Son principe est assez simple, l'application de la charge est réalisée par l'intermédiaire d'une bobine (C). La force électromagnétique induite par le passage d'un courant à l'intérieur de la bobine génère une force dans l'axe de la colonne, qui se répercute au niveau de l'indenteur (B) sur la surface de l'échantillon (A). Les ressorts de rappel et de maintien (D) assurent le guidage de la colonne. Ils maintiennent la colonne perpendiculaire à la surface des échantillons. La mesure du déplacement de la colonne est réalisée par un capteur capacitif (E). L'ensemble est monté sur un bâti (F) d'une très grande rigidité. Le porte échantillon (A) permet de disposer de plusieurs échantillons dans le dispositif.

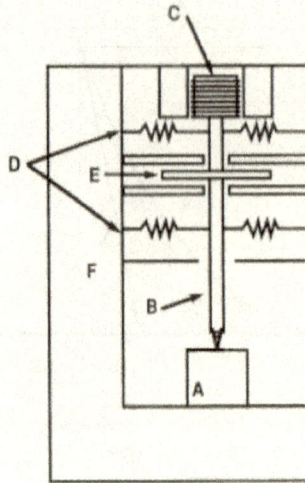

Figure II.21 : *Représentation schématique du dispositif expérimental de nanoindentation. A, échantillon - B, indenteur - C, bobine - D, ressorts de rappel ou de maintien - E, Capteur capacitif - F, Bâti* [Macdonald, 1987].

II.6.3 Rugosité :

II.6.3.1 Introduction :

Le traitement de nanocristallisation superficielle faisant intervenir des impacts de billes à la surface du matériau, il est par conséquent logique de voir la rugosité du matériau évoluer au cours de son traitement. Cette rugosité peut avoir des conséquences importantes sur les propriétés mécaniques et tribologiques du matériau.

C'est, par exemple, un facteur fondamental de la tenue en fatigue des matériaux car les fissures de fatigue prennent souvent naissance au sein des couches superficielles du matériau. Cette rugosité dépend des caractéristiques des grenailles mais également de la nature du matériau SMATé. Dans le cadre de notre étude, des mesures ont été réalisées sur les différents matériaux traités (SMAT et/ou nitruration).

Le paramètre de rugosité considéré dans cette étude est le Ra, qui représente la valeur arithmétique moyenne des déviations du profil par rapport à la moyenne. Soit :

$$R_a = \frac{1}{l} \int_0^l |y(x)| dx$$

Avec *y(x)* le profil brut de la rugosité et *l* la longueur d'analyse.

Il a été montré que les valeurs de rugosité après SMAT sont nettement plus faibles que celles généralement obtenues par grenaillage classique pour des intensités de traitement similaires [Roland, 2007].

Ces différences sont principalement dues à la sphéricité des billes que l'on utilise pour un traitement SMAT, mais aussi aux angles d'incidences aléatoires de celles-ci au moment de l'impact. Le fait de réaliser des traitements de longues durées a aussi l'avantage d'homogénéiser et d'aplanir la topographie de la surface par des impacts de billes répétés de nombreuse fois. La sphéricité des billes permet également de limiter, au cours du traitement, la formation de microfissures ou l'incrustation de débris de grenailles en surface des échantillons qui peuvent nuire aux propriétés mécaniques du matériau. Dans le cas de l'acier trempé, la rugosité après SMAT augmente par rapport à la rugosité de l'état initial. L'utilisation de billes en carbure de tungstène (WC) plus dures mais aussi plus denses que les billes d'acier 100Cr6, entraîne une légère augmentation de la rugosité [Roland, 2007].

II.6.3.2 Principe :

Pour mesurer la rugosité, nous avons utilisé un palpeur avec une pointe en diamant d'un rayon de courbure de 2 μm frottant la surface. L'appareil utilisé pour réaliser les profilométries est un Surtronic 3+ de Taylor-Hobson. La grandeur mesurée par l'appareil est l'altitude (ou la coordonnées en z) avec une précision d'environ 100 nm. Le pas de déplacement en x et y est au minimum de 4 μm dans la limite de 250 points par profil mesuré. Cette caractéristique de l'appareil détermine la précision des mesures effectuées : la surface obtenue ne peut excéder 62 500 points.

Les longueurs mesurées et le pas en x, y sont définis avant la mesure par l'utilisateur en respectant la résolution maximale d'une surfométrie. Dans notre cas, sauf mention explicite, les paramètres d'acquisition utilisés sont identiques suivant les axes x et y : pas de 8 μm sur 2×2 mm^2.

En utilisant le logiciel de traitement de données « Mountains Map© », il est possible d'obtenir un nombre important d'informations sur l'état de surface. Le logiciel calcule tous les paramètres de rugosité obtenus sur un profil (paramètres définis dans les normes : ISO 4287:1997) mais aussi les paramètres de rugosité de surface. Et bien d'autres informations permettant de caractériser la surface des échantillons (courbe de portance, profil de niveau, hauteur de marche, densité de pics…).

Chapitre II

II.7 Les tribomètres utilisés :

Pour les études de tribologie, deux appareils ont été utilisés. Il s'agissait avant tout de faire une estimation rapide (screening tests) de la résistance à l'usure des différents matériaux traités

II.7.1 Tribomètre HFR2 :

La HFR2 a été développée à partir des machines qui ont été utilisées pendant plusieurs années dans la section tribologie du département mécanique à Imperial college à Londres.
Ce système HFR présente plusieurs avantages :
- L'utilisation des petits échantillons avec plusieurs possibilités de configurations.
- L'évaluation de l'usure de l'échantillon standard nécessite une seule mesure.
- Seulement un petit volume de lubrifiant est suffisant.

➢ Description de la machine :

Le système HFR2 est composé de trois composants principaux : l'unité mécanique, l'unité électronique et le PC compatible IBM.

Comme le montre la figure II.22, l'unité mécanique se compose principalement des composants suivants :
- Générateur électromagnétique des vibrations : il guide le support de l'échantillon supérieur à l'aide d'une bille.
- Le support de l'échantillon supérieur : il est fait de l'acier inoxydable 316L et porte l'échantillon supérieur qui possède normalement un diamètre de 6mm. Cet échantillon est mis en place par des petites vis.
- Le support de l'échantillon inférieur : il a la forme d'un bain peu profond et il est aussi fait de 316L. l'échantillon possède normalement une épaisseur de 3 mm et un diamètre de 10mm. Un thermocouple de diamètre 1,5 mm est fixé dans un trou du coté de support permet de mesurer la température de l'échantillon.
- Bloc de chauffage en aluminium : il contient deux chauffages électriques 24V. ce bloc est mis en place sur deux supports flexibles. Le bloc de chauffage est longitudinalement retenu par un transducteur de force piézoélectrique qui permet de mesurer la force de frottement générée entre les deux échantillons.

Le système est assemblé en un lourd bloc d'acier. Il est plus massif que les autres composants, ceci réduit l'éventuelle vibration dans la structure de la machine.

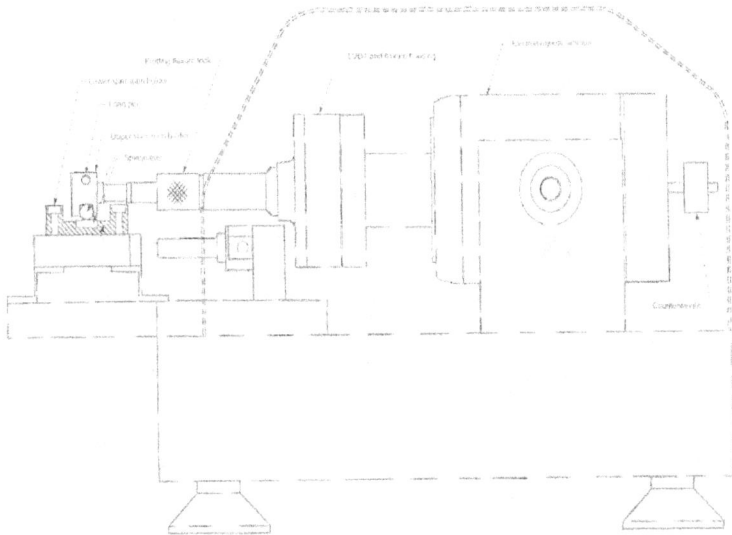

Figure II.22 : *dispositif du tribomètre HFR2.*

Les opérations du système HFR2 est entièrement contrôlées par un PC IBM compatible. Le système est contrôlé par une application Windows (HFR-PC).

Cette application réalise les fonctions suivantes :

- Elle permet à l'utilisateur de définir une série de paramètres au début de chaque test.
- Elle contrôle les opérations de l'unité mécanique. En effet, Le test commence automatiquement quand la température du support de l'échantillon inférieur se stabilise et s'arrête quant la durée de l'essai s'écoule.
- Elle enregistre et affiche les mesures du test.
- Elle permet une calibration rapide et précise de l'unité mécanique

II.7.2 Tribomètre à haute température CSM :

Le dispositif est monté sur un bras de levier, et associé à un capteur de déplacement. Le coefficient de frottement est déterminé durant le test en mesurant la déflection de ce bras élastique. Les taux d'usure pour la bille et le pion sont calculés en déterminant la perte de volume durant le test. Cette méthode simple facilite l'étude des mécanismes de frottement pour une grande variété de couple de matériaux avec ou sans agent de lubrification. En outre, le contrôle des paramètres de test tels que la vitesse, la pression de contact, la fréquence, la durée de test ainsi que les paramètres environnementaux (température, hygrométrie, lubrification), permettent de reproduire les sollicitations réelles d'utilisation de ces matériaux.

Ce tribomètre assure un déplacement rotatif ou alternatif de l'échantillon.

Dans le tableau suivant, on note les différentes spécifications du tribomètre.

Gamme de force	jusqu'au 60 N
Force tangentielle maximale	10 N
Température maximale	1000 °C
Vitesse rotative	0,3 à 500 Tr/mn
Rayon du test maximal	30 mm
Couple maximale	450 mN/m

Tableau II.9 : *Les spécifications du tribomètre à haute température.*

Nous avons la possibilité de deux dispositions de l'échantillon et de la bille sur le tribomètre ; un mouvement rotatif et un mouvement alternatif (voir figure II.23).

Figure II.23 : *Les deux dispositions possibles de l'échantillon et la bille sur le tribomètre.*

Parmi les principales caractéristiques de ce tribomètre, on note :

- Grande résolution dans la détermination des forces tangentielles
- Procédure de calibration simple et automatisée
- Déplacement en mode rotatif ou alternatif
- Cuve de lubrification et module chauffant jusqu'à 120°C
- Tribomètre Haute Température jusqu'à 1000 °C

- Arrêt automatique dès l'obtention d'un coefficient de frottement seuil ou d'un nombre de cycles réalisés

- Tests conformes aux ASTM G99 & DIN 50324

- Tests en milieu lubrifié, sous environnement contrôlé (gaz, température, hygrométrie)

- Mesure de profondeur d'abrasion en temps réel (option).

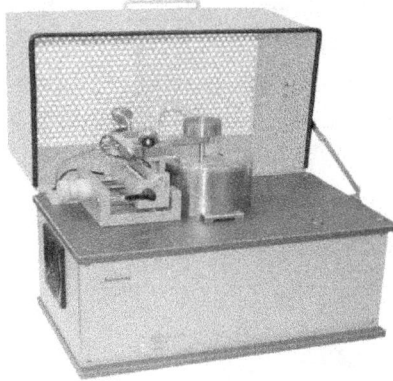

Figure II.24 : Image globale du tribomètre (LMR Tours).

Chapitre II

Conclusions :

Ce chapitre II a permis de présenter les matériaux utilisés dans notre étude à savoir l'alliage de titane Ti6Al4V, l'acier inoxydable 316L et l'alliage cobalt chrome ainsi que leurs compositions chimiques et propriétés mécaniques. Les dispositifs expérimentaux pour mener les essais électrochimiques (suivi de potentiel libre, courbes de polarisations et diagrammes d'impédances) sont également présentés. Les techniques de caractérisation employées dans ce manuscrit sont à leur tour évoquées.

Ce chapitre est essentiel pour aborder et comprendre les observations et les essais qui seront réalisées dans les chapitres suivants.

Dans le chapitre III, nous allons nous intéresser à l'effet du traitement de nanostructuration SMAT sur la microstructure et sur les propriétés anti-corrosion des trois biomatériaux (Ti6Al4V, 316L et alliage cobalt chrome).

Références bibliographiques:

[Ani, 2004] Z. Ani, M. Savko, A. Long ; Enhancing the microstructure and the properties of titanium alloys through nitriding and other surface engineering methods, UK, 2004.

[Beaunier, 1976] L. Beaunier, I. Epelboin, J. C. Lestrade, H. Takenouti. Surf. Technol., 4(3), (237), 1976.

[Beyaoui, 2009] M. Beyaoui, Nanoindentation de polymères amorphes, contribution à la détermination des propriétés quasi-statiques et dynamiques, université de technologie de Compiègne, 2009.

[Bouanis, 2009] F.Z. Bouanis ; Amélioration des propriétés anticorrosion d'un acier au carbone par nitruration par plasma froid radiofréquence, L'université des sciences et technologies de Lille, 2009.

[Castex, 1991] L. Castex, J.F. Flavenot, Y. Leguernic, Le grenaillage de précontraintes : quels contrôles ?, Publication CETIM, 12ème conférence nationale du CETIM, pp13-22, 1991.

[Chardin, 1996] H. Chardin, Etude de la densification par grenaillage ultrasons d'un matériau métallique poreux élaboré par la métallurgie des poudres, Thèse de doctorat, Ecole des Mines de Paris, 1996.

[Combres, 1999], Y. Combres, Propriétés du titane et de ses alliages, Techniques de l'ingénieur, 1999.

[Essalah, 2004] K. Es-salah, M. Keddam, K. Rahmouni, A. Shriri, H. Takenouti, Electrochim. Acta., 49, (2771), 2004.

[Fillit, 1992] R. Fillit, H. Bruyas, F. Patay, European patent, n° 0161992, 1992

[Garnier, 2004] C. Garnier, étude par caméra infrarouge de la température générée par grenaillage ultrasons au sein de la surface des échantillons métalliques, données non publiées, 2004.

[Gokul, 201] S. Gokul Lakshmi, D. Arivuoli, B. Ganguli,: Surface modification and characterisation of TA6V alloys, India, 2001.

[Growcock, 1989] F.B. Growcock, R.J. Jasinski, J. Electrochem. Soc., 136, (2310), 1989.

[Hermas, 2004] A.A. Hermas, M.S. Morad, M.H. Wahdan, J. Appl. Electrochem., 34 (1), 95, 2004.

[Landolt, 1993] D. Landolt, Lausanne: Presses polytechniques et universitaires romandes, 553.ISBN 2-88074-245-5, 1993.

[Lauriat, 1999] J.P. Lauriat, Introduction à la cristallographie et à la diffraction des rayons X et des neutrons, Paris onze éditions, Orsay, 1999.

[Lopez, 2003] D.A. Lopez, S.N. Simison, S.R. de Sanchez, Electrochim. Acta., 48 (7), 845, 2003.

[Mcdonald, 1987] J.R. Macdonald, J. Electroanal. Chem., 223, (25), 1987

[Mubarak, 2009] M. Mubarak All, S. Ganesh Sundara Raman, S.D Pathak, R. Gnanamoorthy, Influence of plasma nitriding on fretting wear behaviour of Ti-6Al-4V, Inde, 2009.

[Pilé, 2005] C. Pilé, Le grenaillage ultrasons : caractérisation du procédé et influence sur la fatigue d'alliages TiAl, Thèse de doctorat, LASMIS, Université de Technologie de Troyes, 2005.

[Popova, 1996] A. Popova, S. Raicheva, E. Sokolova, M. Christov, Langmuir, 12, (1083), 1996.

[Rammelt, 1987] U. Rammelt, G. Reinhard, Corros. Sci., 27 (4), 373, 1987.

[Roland, 2007] T. Roland ; Génération de nanostructures par traitement de nanocristallisation superficielle SMAT sur matériaux métalliques et étude des propriétés mécaniques associées, 2007.

[Schiller, 2001] C.A. Schiller, W. Strunz, Electrochim. Acta, 46, (3619), 2001.

[Sinnet, 2005] P.E. Sinnett-Jones, J.A. Wharton, R.J.K. Wood, micro-abrasion corrosion of CoCr Mo alloy in simulated artificial hip joints environments, University of Southampton, UK, 2005.

[Stoynov, 1990] Z. Stoynov, Electrochim. Acta, 35, (1493), 1990.

[Stoynov, 1991] Z.B. Stoynov, B.M. Grafov, B.S. Savova-Stoynova, V.V. Elkin, Electrochemical Impedance, Nauka, Moscow, 1991.

[Tao, 2002], N.R. Tao, Z.B. Wang, W.P. Tong, M.L. Sui, J. Lu, K. Lu, An investigation of surface nanocrystallization mechanism in Fe induced by surface mechanical attrtion treatment, Acta. Mater., 50, (4603), 2002.

[Valiev, 2000] R.Z. Valiev, R.K. Islamgaliev, I.V. alexandrov, Principles of equal channel angular pressing as a processing tool for grain refinement, Prog. Mater. Sci., 45, 103,2000.

[Wang, 2002] K. Wang, G. Liu, J. Lu, K. Lu, Study of the mechanism of generation of nanostructure of pure Cu, submitted, 2002.

[Wenxin, 2007] D. Wenxin ; Influence of surface mechanical attrition treatment on mechanical properties of Fe-22Mn-0.6C steel, stage en systemes mecaniques et materiaux, universite de technologie de Troyes, 2007.

[Wu, 2002], X.L. Wu, N.R. Tao, Y. Hong, B. Xu, J. Lu, K. Lu, Microstructure and evolution of mechanically-induced ultrafine grain in surface layer of Al-alloy subjected to USSP, Acta. Mater., 50, (2075), 2002.

[Zhang, 2003] H.W. Zhang, Z.K. Hei, G. Liu, J. Lu, K. Lu, Formation of nanostructured surface layer on AISI 304 stainless steel by means of surface mechanical attrition treatment, Acta. Mater., 51, 2003.

[Zhu, 2004], KY. Zhu, A. Vassel, F. Brisset, K. Lu, J. Lu, Formation of nanostructures in pure titanium using SMAT, Acta. Mater., 52, (4101), 2004.

Chapitre III :

Essais électrochimiques des biomatériaux après traitement SMAT

III.1 Introduction :

La compréhension du mécanisme de formation des nanocristaux pendant le traitement de nanocristallisation superficielle SMAT est un point crucial pour le développement de cette technique. En conséquence d'un gradient de la déformation et de la vitesse de déformation, entre l'extrême surface et la matrice, développé lors d'un traitement SMAT, un gradient de distribution de la taille des grains se développe entre la surface de l'échantillon et la sous-couche. L'examen des caractéristiques microstructurales des différents échantillons sur la face transversale offre donc une opportunité unique pour la compréhension des mécanismes de formation de la nanostructure.

Nous avons donc basé nos expériences sur l'observation des couches situées dans l'épaisseur des matériaux préparés par SMAT, principalement par microscopie électronique à balayage (MEB) et par microscope électronique à transmission (MET), de façon à décrire les mécanismes fondamentaux nécessaires à la formation des nanostructures au sein de ces biomatériaux.

Analogue au mécanisme d'affinage des grains par des procédés de déformation plastique sévère sur des matériaux massifs, la formation des nanostructures sur l'extrême surface à partir de matériaux polycristallins à gros grains implique de nombreuses activités de dislocations et le développement de joints de grains. Or, le comportement sous déformation plastique et les activités des dislocations sont fortement influencés par la structure de la maille et par l'énergie de défauts d'empilement. Par exemple, dans les matériaux à forte énergie de défauts d'empilement, des murs de dislocations ou des cellules se forment pour accommoder la déformation et des sous-joints se développent ce qui entraîne la subdivision des grains grossiers initialement présents dans le matériau. Dans le cas des matériaux à faible énergie de défauts d'empilement, la déformation plastique change et passe de phénomènes faisant intervenir l'activation de dislocations à celui du maclage (surtout lors de sollicitations à forte vitesse de déformation et/ou à basse température) [Bay, 1992].

Pour notre étude, nous avons choisi de nous intéresser à la nanostructuration de l'acier inoxydable 316L et de l'alliage de titane Ti6Al4V, deux matériaux très utilisés dans le secteur biomédical et notamment pour la fabrication des prothèses orthopédiques. Des nanostructures formées sur ces matériaux pourraient permettre la formation d'une nouvelle gamme de matériaux plus résistants et ayant des propriétés améliorées.

En outre, nous pourrons ainsi rendre compte, à travers le cas de l'acier inoxydable 316L, de l'effet du SMAT sur un matériau de faible énergie de défauts d'empilement (40mJ.m^{-2}) et de structure austénitique, connue pour être stable.

Après les observations microscopiques sur les biomatériaux traités par SMAT, nous proposons d'étudier les nouvelles propriétés électrochimiques de ces biomatériaux après SMAT et donc déterminer l'influence de ce traitement sur la résistance à la corrosion. Outre l'acier inoxydable et l'alliage de titane, nous étudierons l'effet du SMAT sur le comportement anticorrosif d'un alliage cobalt chrome (Co-Cr).

Dans cette partie, nous exposons une étude bien détaillée du comportement des trois biomatériaux avant et après SMAT. Notre stratégie consistera à comprendre l'influence du SMAT sur les propriétés surfaciques des biomatériaux et déterminer l'importance de ce traitement sur l'amélioration des propriétés anticorrosion.

Les propriétés de la résistance à la corrosion des biomatériaux traités par SMAT sont présentées. Nous qualifierons l'effet de la couche protectrice par des méthodes électrochimiques telles que le suivi de potentiel libre, les courbes de polarisation et la spectroscopie d'impédance électrochimique. La corrélation de ces résultats doit permettre la compréhension des phénomènes élémentaires responsables de l'amélioration des propriétés anticorrosion. Enfin, des études par spectroscopie de photoélectron aux rayons X (*XPS*) permettent de déterminer les compositions chimiques des films passifs formés sur les surfaces des échantillons traités.

III.2 Observations microscopiques :

III.2.1 Etudes métallographiques de l'alliage de titane (Ti6A4V) :

III.2.1.1 Observations microscopiques de la structure initiale du Ti6Al4V :

Pour l'étude métallographique des phases en présence dans le Ti6Al4V, une attaque chimique a été nécessaire. Celle-ci a été réalisée à l'aide d'une solution composée en volume de 90% H_2O, 5% HNO_3, 5% HF (très dangereux) qui altère préférentiellement la phase α [Zhang, 2009]. Au préalable un poli-mirroir de la surface de l'échantillon a été effectué à l'aide de papiers en carbure de silicium jusqu'au grade SiC1200, puis d'un polissage au feutre avec une suspension d'alumine à 0,3µm. La figure III.1 montre une photographie MEB de la microstructure du Ti6Al4V, étudié dans ce chapitre. Cette microstructure s'est révélée après une attaque de l'échantillon de seulement quelques secondes dans la solution chimique, suivie d'un rinçage vigoureux à l'eau puis d'un séchage sous air comprimé.

Nous pouvons y distinguer très nettement :

> ➤ la phase α primaire se présente sous forme nodulaire, le diamètre moyen des nodules est de l'ordre de 5 μm.

> ➤ la phase α secondaire de structure lamellaire. Bien que les lamelles observées ne soient pas équiaxes, on peut leur définir une taille caractéristique de l'ordre de 0,1 à 0,2 μm.

> ➤ la phase β enfin dont les grains sont assez difficile à mettre en évidence. Seule, la microscopie électronique à électrons rétrodiffusés pourrait permettre une visualisation correcte de cette phase. Celle-ci est cependant aisée lorsqu'une légère précipitation de phase α au niveau des joints s'opère sur l'échantillon.

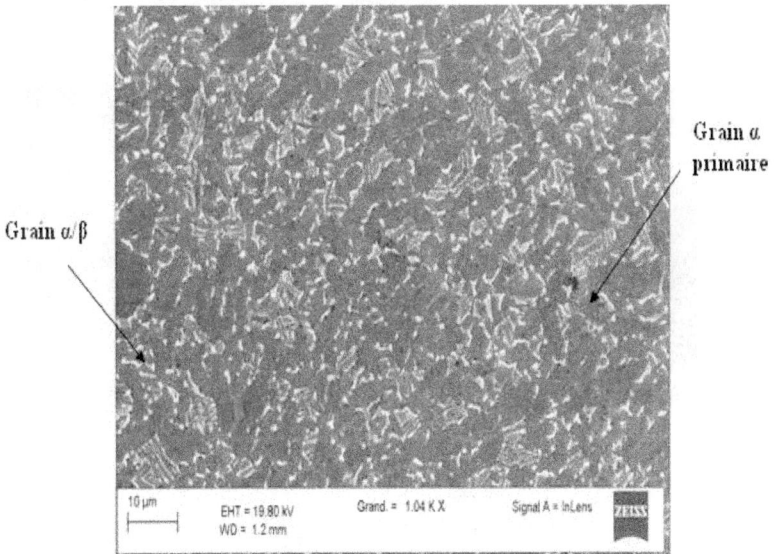

Figure III.1 *Micrographie initiale du Ti6Al4V étudié.*

III.2.1.2 Observations microscopiques de la structure du Ti6Al4V après SMAT :

Deux conditions optimales vont être utilisées au cours de notre étude pour traiter le Ti6Al4V. D'après les travaux de Roland [Roland, 2007], plusieurs tests ont été effectués sur des échantillons d'alliage de titane Ti6Al4V afin de déterminer l'influence de chaque paramètre (temps, amplitude, diamètre et masse des billes…).

Le tableau III.1 présente les deux conditions optimales notées SMAT1 et SMAT2 ; en effet, ces deux conditions nous permettent d'avoir une couche nanostructurée épaisse sans pour autant créer des fissures ou des endommagements sur la surface de l'alliage de titane.

Condition	Amplitude (μm)	Temps (min)	Masse des billes (g)	Diamètre des billes (mm)
SMAT1	± 25 μm	15	20	2
SMAT2	± 25 μm	20	20	3

Tableau III.1 : *Les deux conditions SMAT optimales utilisées pour traiter le Ti6Al4V.*

Un phénomène visible après le traitement de l'échantillon SMAT2 (traité suivant la condition 2) est l'écoulement plastique de matière sur les bords des échantillons (figure III.2.a).

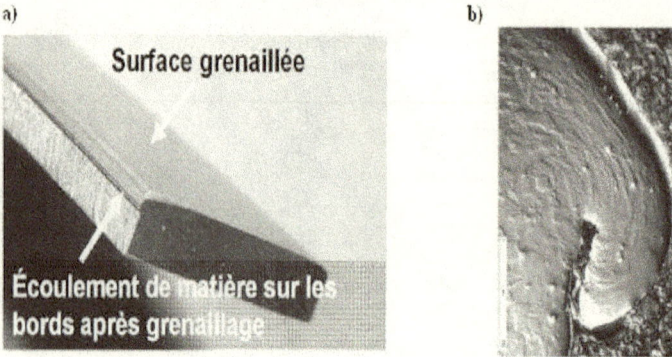

Figure III.2 : *Photographie (a) et micrographie optique (b) de l'échantillon Ti6Al4V SMAT2 et mise en évidence de l'écoulement plastique sur les bords de l'échantillon.*

La matière sans cesse impactée par les billes (diamètre 3 mm) n'a pas d'autre possibilité que de s'écouler sur les bords libres de l'échantillon. Plus le SMAT est puissant plus l'écoulement plastique est important. Une forme caractéristique de la déformation plastique de grains allongés dans cette zone est mise en évidence par les micrographies optiques en coupe sens transverse (figure III.2.b).

Dans ce paragraphe, nous allons nous intéresser au mécanisme de génération d'une nanostructure pour un alliage de titane de la nuance Ti6Al4V. Nous présenterons les mécanismes de déformation générés au cours du SMAT, principalement observés par microscopie électronique à balayage.

Afin d'obtenir un point de vue sur les mécanismes de déformations engendrés par le traitement SMAT et sur la profondeur affectée par les impacts créés lors du traitement, des observations MEB de la section transverse des deux échantillons traités ont été réalisées. Pour ces observations, une attaque chimique similaire à celle détaillée dans le paragraphe précédent a été effectuée. Deux conditions ont été appliquées sur deux échantillons différents de Ti6Al4V. Nous désignerons par conséquent les deux échantillons traités par les codes SMAT1 et SMAT2.

Les photographies MEB des coupes transversales des deux échantillons permettent d'obtenir une visualisation de l'évolution des phénomènes de déformation observables (Figure III.3).

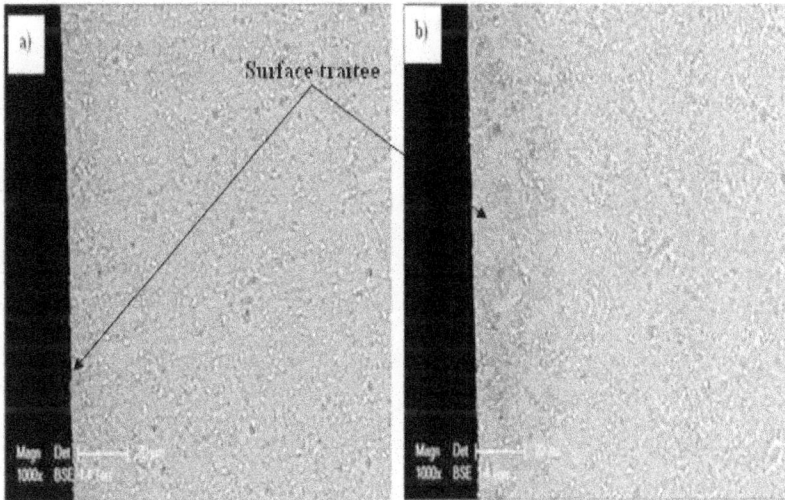

Figure III.3 : *Micrographie MEB des échantillons du Ti6Al4V : a) SMAT1, b) SMAT2.*

Pour le cas de l'échantillon SMAT1 (durée 15mn) la morphologie de la microstructure de l'extrême surface n'est pas très nette et semble similaire à celle en sous-couche. Une des raisons avancées pour cette faible différence est l'importante dureté du Ti6Al4V.

Contrairement au cas de l'acier inoxydable que nous étudierons par la suite, le Ti6Al4V est un matériau très dur et par conséquent, les déformations induites par le traitement SMAT sont peu pénétrantes, elles restent donc très peu visibles.

Pour l'échantillon SMAT2 (durée 20 mn), des indices de déformation plastique sévère peuvent être visualisés à la surface (Figure III.4). La couche présente certaines parties très déformées. Il peut être remarqué que la couche de surface déformée n'est pas uniforme sur toute la longueur de la pièce traitée. Certaines zones semblent moins affectées par le traitement, comme une indication de l'hétérogénéité de la déformation plastique induite par le caractère aléatoire et multidirectionnel des impacts de billes générés lors du SMAT. L'épaisseur de cette couche ne dépasse pas une dizaine de microns. Les nanostructures devraient se trouver dans cette couche de faible épaisseur.

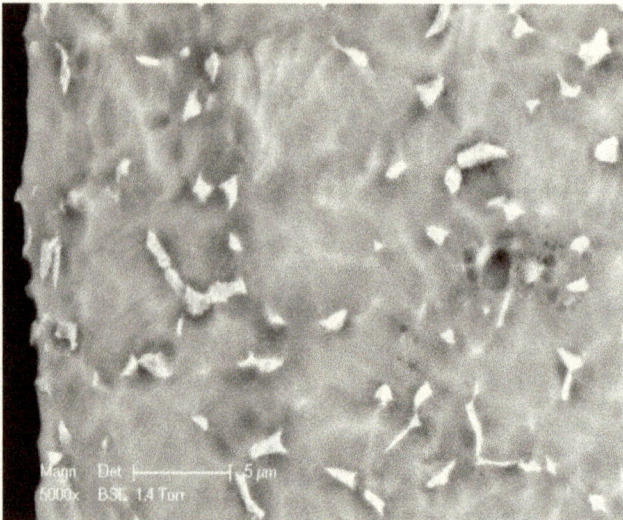

Figure III. 4 : Micrographie MEB de l'échantillon SMAT2 en extrême surface à grand grossissement.

Pour confirmer la présence d'une nanostructure, des observations MET de l'extrême surface ont été réalisées.

Un examen de la surface traitée par SMAT (condition 2) révèle une microstructure caractérisée par des grains nanométriques uniformément distribués (figue III.5). La figure de diffraction correspondante représente des anneaux de diffraction typiques d'une structure fine, aux orientations cristallographiques aléatoires.

La distribution de la taille des grains montre une taille de grain comprise entre 20 et 100 nm, avec une valeur moyenne de 50 nm. Les anneaux de diffraction montrent une orientation complètement aléatoire des nanograins.

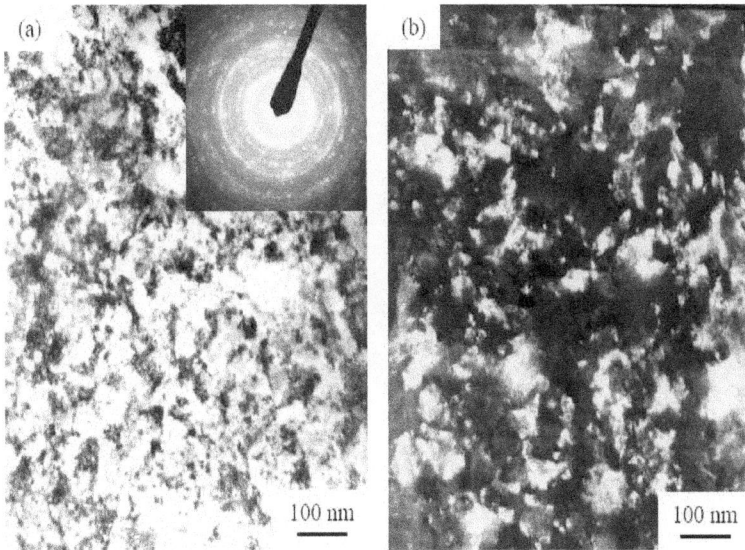

Figure III.5 : *Image MET obtenue en (a) champ clair et (b) en champ sombre de la surface du Ti6Al4V après SMAT (condition 2)* [Roland, 2006].

Les examens MET de la couche à environ 5-10µm sous la surface montrent une microstructure considérablement différente de celle observée à la surface (figure III.6). De très fines lamelles ou microbandes, dont la plupart sont divisées en blocs, existent presque partout dans l'échantillon. Ces blocs sont formés par l'intersection de macles. La figure de diffraction correspondante confirme que ces lamelles sont des macles. Toutefois, l'impression diffuse des spots de diffraction indique que la relation de maclage a été changée et que les joints de grain deviennent incurvés. A quelques endroits, ces structures fines semblent même disparaître virtuellement pour être transformées en des grains submicrométriques. Il est raisonnable de penser que l'augmentation de la déformation au cours du traitement de nanocristallisation superficielle est la cause de la subdivision de ces macles par leur intersection successive pour former des blocs qui seront vraisemblablement transformés par la suite en des grains de taille nanométrique.

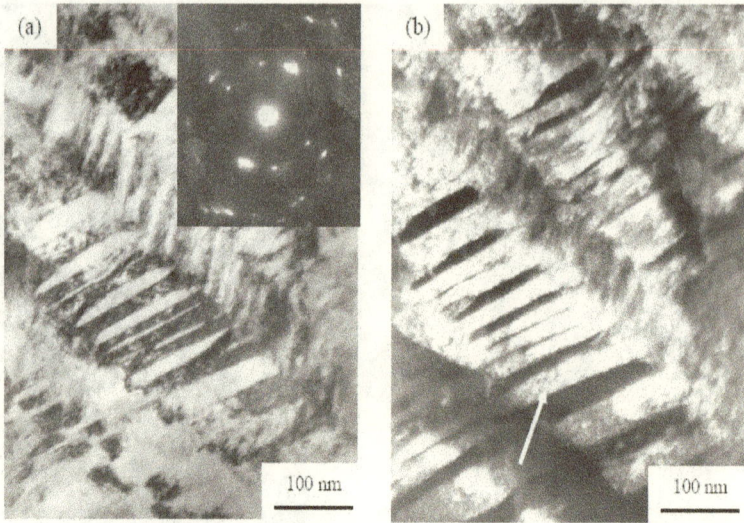

Figure III.6 *: Micrographies MET en (a) champ clair et en (b) champ sombre de la sous couche d'un Ti6Al4V traité par SMAT (condition 2) montrant la formation de blocs (lamelles divisées en sous domaines) par l'intermédiaire de l'intersection des macles* [Roland, 2006].

III.2.2 Etudes métallographiques de l'acier inoxydable 316L :

Au cours de notre étude, nous avons travaillé sur un acier inoxydable (316L) qui est un acier fortement allié résistant aux agents de corrosion.

III.2.2.1 Observations microscopiques de la structure initiale de l'acier inoxydable :

Pour obtenir la microstructure initiale de l'acier inoxydable 316L étudié ici, une attaque électrolytique à température ambiante et sous une tension de 1,5V a été réalisée. Une cathode de platine a été utilisée et la solution d'attaque était composée en volume de 60% d'acide nitrique et 40% de H_2O. La figure III.7 représente la microstructure de départ : nous pouvons nettement y distinguer des grains grossiers de tailles comprises entre 20 et 100µm. Les trous observés proviennent d'artefacts dus à l'attaque chimique.

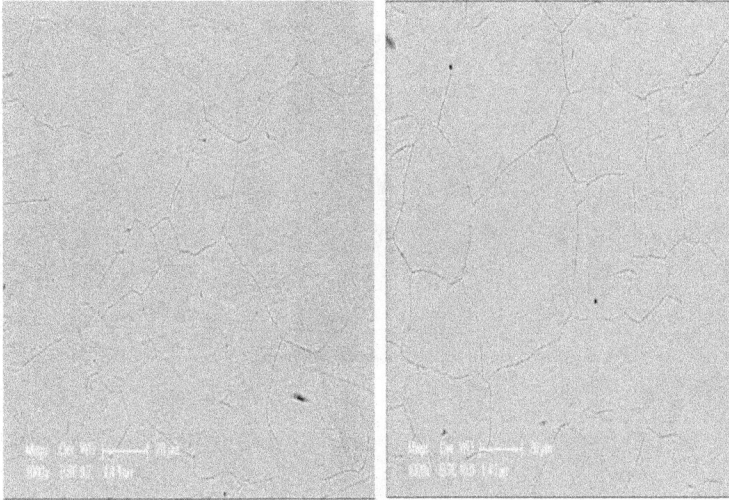

Figure III.7 : Microstructure initiale de l'acier inoxydable 316L.

III.2.2.2 Observations microscopiques de l'acier inoxydable après SMAT :

Le tableau III.2 présente les deux conditions optimales notées SMAT1 et SMAT2 utilisées pour traiter l'acier inoxydable 316L [Chen, 2005] [Roland, 2006] : en effet, ces deux conditions nous permettent d'avoir une couche nanostructurée sans pour autant créer des fissures ou des endommagements sur la surface de l'acier inoxydable.

Condition	Amplitude (μm)	Temps (min)	Masse des billes (g)	Diamètre des billes (mm)
SMAT1	± 12 ,5μm (15mn) et ± 25 μm (15mn)	30	20	3
SMAT2	± 12 ,5 μm	30	20	3

Tableau III.2 : Les deux conditions SMAT optimales utilisées pour traiter le 316L.

La figure III.8 est une vue (MEB) de la section transverse d'échantillons SMATés selon deux conditions (SMAT1 et SMAT2). Une profusion de macles est clairement identifiable en sous-couche de ces échantillons, ce qui est différent de la structure observée (figure III.7) sur l'échantillon pris dans son état brut (non traité).

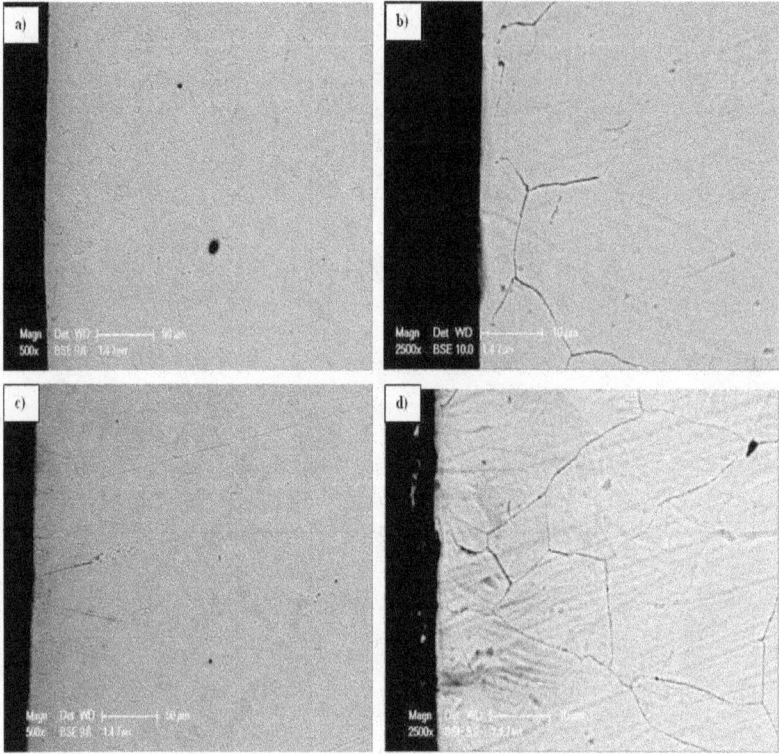

Figure III.8 : *Images (MEB) des échantillons 316L ; a), b) SMAT1 et c), d) SMAT2.*

Ce mode de déformation est différent de celui observé dans le fer pur après SMAT [Tao, 2002]. Probablement du fait de sa faible énergie de défauts d'empilement (40mJ.m-2 (316L) 178mJ.m-2 (fer)), l'acier inoxydable a tendance à développer des macles au cours de sa déformation. Dans la zone très proche de la surface, des blocs sont apparemment formés suite à l'intersection de macles selon trois directions (figure III.8-d). Plus en profondeur, des intersections de macles selon deux directions sont toujours nettement visibles et enfin loin de la surface, seules quelques macles unidirectionnelles sont observables et mènent à la formation d'une structure lamellaire, alternant macle-matrice à l'intérieur des grains initiaux. Ainsi, à partir de ces observations au MEB, nous pouvons voir que la diminution de la profondeur à partir de la surface traitée s'accompagne d'une augmentation de la densité des macles et que les blocs formés par l'intersection de ces macles deviennent de plus en plus fins. La morphologie de la microstructure de la surface traitée est donc très différente de celle à cœur (matrice). Les marques de déformation plastique sévère sont visibles en surface : les joints de grains ne peuvent pas être identifiés de la même façon que dans le cœur (matrice). Il peut être noté que l'épaisseur de la couche superficielle déformée dans l'échantillon n'est pas uniforme, indiquant l'hétérogénéité de la déformation plastique induite par les impacts répétés.

La figure III.9 montre une observation MET en vue plane de l'extrême surface de l'échantillon obtenu après traitement SMAT (condition 1).

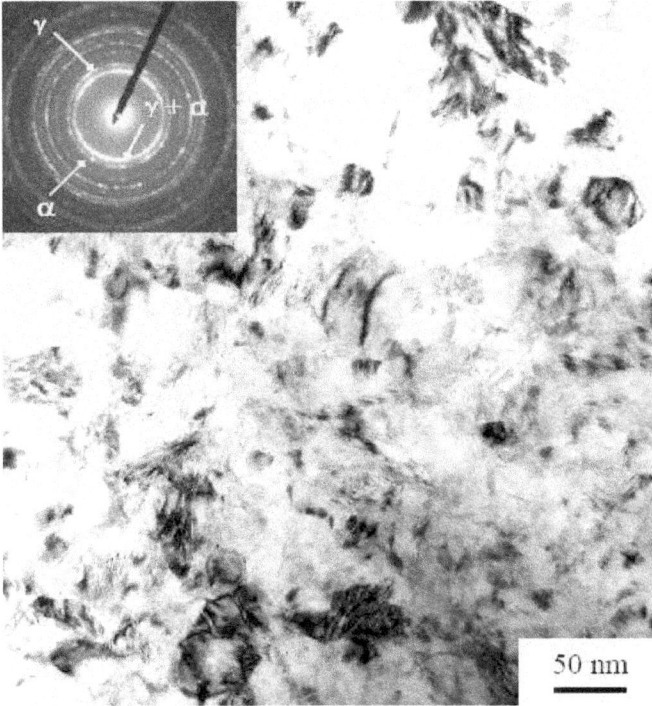

Figure III.9 : Vue plane de la surface d'un acier inoxydable après SMAT, la figure de diffraction fait apparaître une structure mixte composée de grains nanométriques austénitiques γ et martensitiques α [Roland, 2006].

Cette microstructure est caractérisée par des grains uniformément distribués dans l'échelle nanométrique. La figure de diffraction correspondante montre une orientation complètement aléatoire des ces grains ainsi que l'apparition d'une phase martensitique (α-cc) en supplément de l'austénite (γ-cfc). Au cours des déformations plastiques générées par le traitement de nanocristallisation superficielle, une transformation de phase a donc lieu. La distribution de la taille des grains s'étend de 10 à 50nm. La taille moyenne des grains est approximativement de 20 nm [Roland, 2006]. Par l'intermédiaire de cette première micrographie MET, nous pouvons donc clairement déceler la présence d'une nanostructure formée en surface de l'échantillon développée au moyen du SMAT.

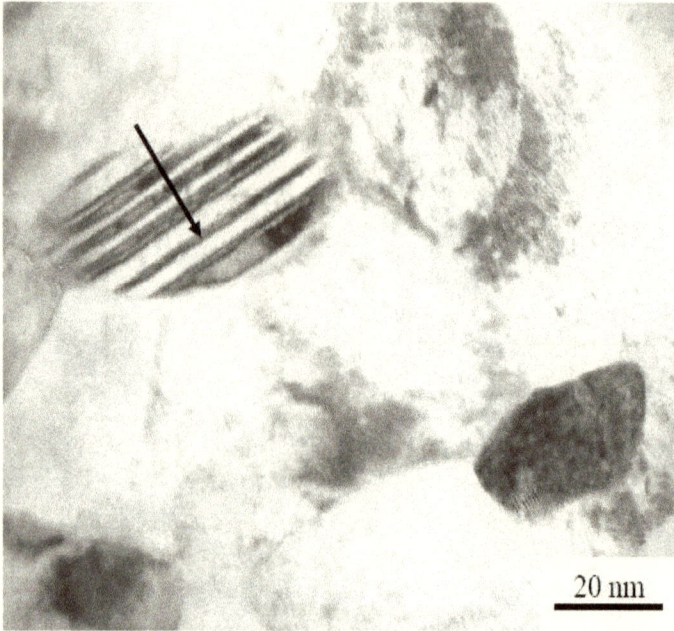

Figure III.10 : *Visualisation de quelques nanograins, des macles à l'intérieur des nanograins (fléchés sur la figure) semblent indiquer la possibilité d'une déformation plastique de la nanostructure elle-même* [Roland, 2006].

III.3 Suivi du potentiel libre :

III.3.1 Introduction :

Les techniques électrochimiques constituent une méthode plus complète puisqu'elles étudient la base même du phénomène de corrosion, le processus électrochimique. L'aspect quantitatif de ces techniques (courbes de polarisation à vitesse de balayage modérée, spectroscopie d'impédance électrochimique,…) permet d'accéder à des vitesses de réaction et des valeurs de paramètres physiques décrivant l'état du système (capacité de double couche, résistance de transfert de charges…).

Les méthodes électrochimiques utilisées dans notre travail peuvent être classées selon deux catégories : les méthodes stationnaires (courbes de potentiel libre, courbes de polarisation) et les méthodes non-stationnaires dites transitoires (spectroscopie d'impédance électrochimique).

Les expériences électrochimiques sont effectuées dans une cellule cylindrique équipée d'un montage conventionnel à trois électrodes, l'électrode de travail (*ET*), le platine comme électrode auxiliaire (*CE*) et une électrode au calomel Hg / Hg_2Cl_2 / KCl saturée (*ECS*) comme électrode de référence. Elles sont munies d'une double-enveloppe permettant la régulation de la température par l'intermédiaire d'un bain thermostaté.

Dans notre travail, les mesures électrochimiques sont réalisées avec un montage comprenant un potentiostat Gamry (type FAS2) piloté par un logiciel d'analyse «Gamry Echem Analyst ». L'électrode de travail, sous forme rectangulaire (2cm de longueur et 1cm de largeur) est introduite dans un porte échantillon par enrobage disposé face à la contre électrode de platine. Ainsi, 2 cm^2 de la surface de l'électrode est en contact avec la solution de Ringer. L'électrode auxiliaire est en platine. Tous les potentiels sont référencés à l'électrode de calomel saturée (*ECS*), qui est disposée dans un récipient en verre rempli d'électrolyte, dont l'extrémité est placée près de l'électrode de travail pour minimiser l'influence de la chute ohmique.

Avant les tests électrochimiques, les échantillons sont nettoyés et décontaminés à l'aide d'une solution de décapage (3% HF, 6% HNO_3, 91% H_2O), ceci permet d'éliminer les impuretés et minimiser la pollution due au SMAT. Les échantillons sont ensuite rincés à l'eau distillée et séchés à l'air.

III.3.2 Mesures à température ambiante :

La figure III.11 présente l'évolution du potentiel libre de l'alliage de titane Ti6Al4V avant et après le traitement SMAT en solution de Ringer pendant 24 heures à 25°C. Rappelons qu'après le traitement SMAT, les échantillons ne sont pas polis. On constate globalement une croissance du potentiel libre au cours du temps. Cette évolution peut être expliquée par la formation d'un film passif formé principalement de TiO_2 et d'autres oxydes de titane. On peut conclure que le procédé SMAT améliore de façon notable le potentiel d'abandon de l'alliage de titane (Ti6Al4V). En effet, le potentiel libre augmente au cours du temps pour atteindre une valeur quasi-stable au bout de 24 heures d'immersion dans la solution de Ringer, cette valeur est de -0,47 V/ECS pour l'échantillon brut, elle atteint des valeurs proches de -0,32 V/ECS pour les deux échantillons SMAT1 et SMAT2.

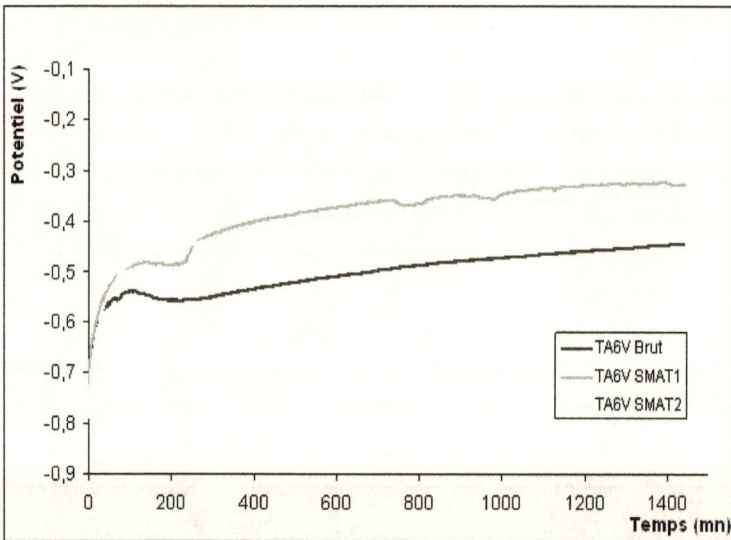

Figure III.11 : Evolution du potentiel de corrosion libre de l'alliage Ti6Al4V.

La figure III.12 montre l'évolution du potentiel libre en fonction du temps pour les échantillons 316L dans la solution de Ringer à 25°C. Le suivi du potentiel est effectué sur une même durée de vingt quatre heures. Initialement, le potentiel de l'échantillon brut était approximativement -0,3 V/ECS pour l'acier inoxydable 316L.

Pendant les premières heures de l'immersion, on remarque un déplacement brusque des potentiels vers des valeurs positives. Cette augmentation initiale semble être due à la formation et l'épaississement du film passif sur la surface métallique. Cette couche qui améliore la résistance contre la corrosion des matériaux métalliques.

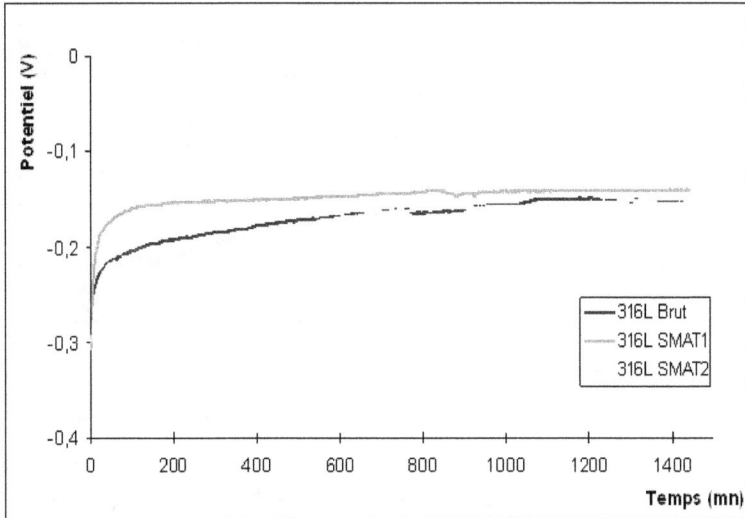

Figure III.12 : Evolution du potentiel de corrosion libre du 316L.

La valeur du potentiel libre au bout de 24 heures est environ -0,17 V/ECS pour les deux échantillons Brut et SMAT1. Celle de l'échantillon SMAT2 est d'environ -0,15 V/ECS. Cette variation est négligeable et nous avons presque la même valeur pour les trois échantillons 316L. Donc, l'influence du procédé SMAT sur la valeur du potentiel libre de l'acier inoxydable 316 L est minimale. Cependant, nous pouvons remarquer que l'augmentation du potentiel est plus rapide pour l'échantillon SMAT2 qui atteint sa valeur stable au bout de quelques minutes d'immersion.

En ce qui concerne l'alliage cobalt chrome, le traitement SMAT semble avoir un effet sur les valeurs du potentiel des échantillons traités. En effet, la valeur de potentiel libre est d'environ -0,36 V/ECS pour le brut. Une augmentation de cette valeur pour les échantillons traités est observée, qui atteint respectivement -0,34 V/ECS et -0,3 V/ECS pour les échantillons SMAT1 et SMAT2.

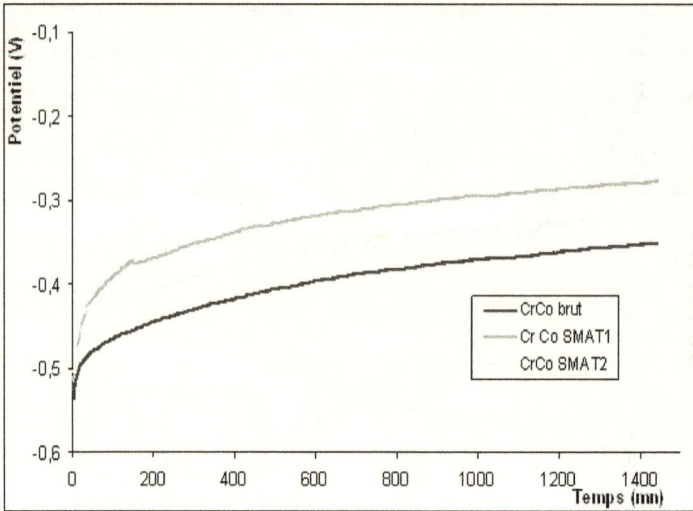

Figure III.13 : *Evolution du potentiel de corrosion libre du CoCr.*

Sur la figure III.14, deux diagrammes présentent les valeurs du potentiel libre pour les différents échantillons avant et après traitement SMAT après 6 et 12 heures d'immersion dans la solution de Ringer à température ambiante, afin de suivre l'évolution des valeurs du potentiel et de comparer entre les différents biomatériaux.

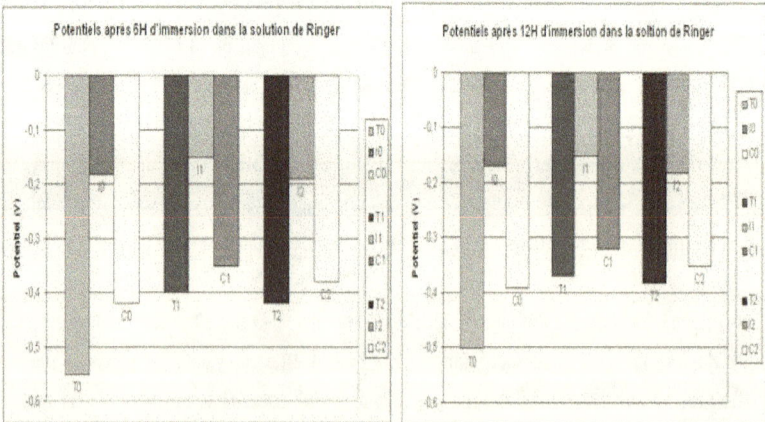

Figure III.14 : *Potentiels libres des différents échantillons après 6 et 12 heures d'immersion dans la solution de Ringer.*

D'après ces résultats, nous pouvons déduire que le traitement mécanique SMAT permet d'améliorer les valeurs de potentiel d'abandon des échantillons traités par SMAT. Cette amélioration est plus nette pour l'alliage de titane Ti6Al4V.

Cela pourra être confirmé par des essais de polarisation et des essais d'impédances. De plus, l'allure des courbes de potentiel de corrosion avec le temps d'immersion dans la solution du Ringer était presque semblable pour tous les échantillons.

Dans le paragraphe suivant, nous présentons les courbes de suivi de potentiel libre des différents échantillons avant et après SMAT dans la solution de Ringer à 37 °C. Cette température correspond à celle du corps humain et elle est choisie afin de se rapprocher le plus des conditions environnementales des prothèses articulaires.

III.3.3 Mesures à 37 °C :

La figure III.15 présente les courbes de suivi de potentiel libre de l'alliage Ti6Al4V avant et après SMAT dans une solution de Ringer à 37°C pendant trois jours.

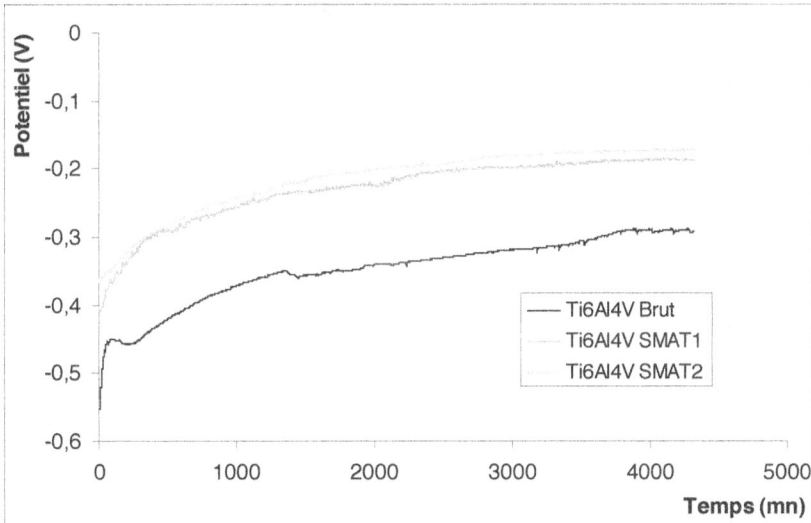

Figure III.15 : Evolution du potentiel libre de l'alliage Ti6Al4V dans une solution de Ringer à 37 °C pendant 3 jours.

Nous avons suivi le potentiel libre des différents échantillons de l'alliage de titane pendant trois jours, puisque les valeurs des potentiels après 24 heures d'immersion ne se stabilisent pas et ont tendance à augmenter.

D'après les courbes sur la figure III.15, nous constatons presque la même allure que les courbes effectuées à température ambiante. En effet, une croissance du potentiel libre au cours du temps est observée, cela est dû au comportement passif de l'alliage Ti6Al4V. Cette évolution peut être également expliquée par la formation d'un film passif extrêmement protecteur. Ce film, principalement constitué de TiO_2 est adhésif et stable chimiquement.

Les résultats obtenus précédemment à température ambiante sont confirmés à 37°C ; le procédé SMAT augmente le potentiel libre des échantillons traités et améliore l'état passif de l'alliage de titane (Ti6Al4V).

En effet, les potentiels d'abandon augmentent au cours du temps, ils se stabilisent après plusieurs heures d'immersion des échantillons dans la solution de Ringer à 37°C et correspondent aux potentiels de la formation des couches d'oxydes (potentiels de passivation) à la surface de l'alliage de titane. Au bout de trois jours d'immersion dans la solution de Ringer, l'échantillon brut atteint un potentiel d'environ -0,31 V/ECS. Les potentiels libres atteignent des valeurs proches de -0,18 V/ECS pour les deux échantillons SMAT1 et SMAT2. Une légère variation entre ces valeurs et celles obtenues à température ambiante est apparue.

La figure III.16 présente les courbes de suivi de potentiel libre de l'acier inoxydable 316 avant et après SMAT pendant 24 heures dans une solution de Ringer à 37 °C (condition 1 et 2).

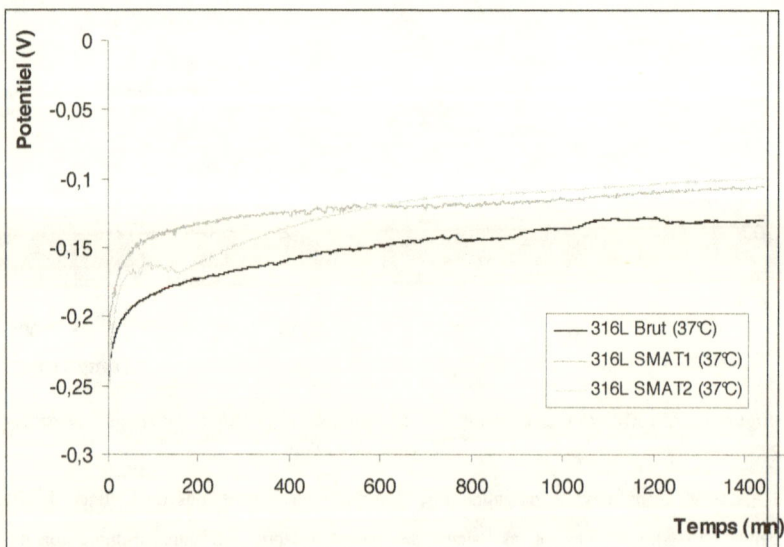

Figure III.16 : Evolution du potentiel libre du 316L dans une solution de Ringer à 37°C.

La valeur du potentiel libre au bout de 24 heures est environ -0,14 V/ECS pour l'échantillon Brut. Pour les deux échantillons traités (SMAT1 et SMAT2), le potentiel libre est d'environ -0,11 V/ECS pour l'échantillon traité suivant la condition 1 et -0,1 V/ECS pour celui traité suivant la condition 2. Une légère variation du potentiel après SMAT est apparue et nous obtenons presque la même valeur pour les deux échantillons traités. Ces valeurs sont presque similaires à celles trouvées à la température ambiante. D'après ces derniers résultats, l'influence du procédé SMAT sur l'évolution du potentiel libre de l'acier inoxydable 316L est minimale.

En ce qui concerne l'alliage cobalt chrome, une nette amélioration du potentiel libre est constatée après le traitement SMAT (Figure III.17). En effet, le potentiel libre passe d'une valeur de -0,26V pour l'échantillon brut (avant traitement) jusqu'à des valeurs proches de -0,2 V pour les deux échantillons traités par SMAT. Nous remarquons également que le traitement SMAT permet d'avoir un potentiel libre stable et noble et plus rapidement que sans traitement. Des essais XPS peuvent nous renseigner sur la composition et la qualité de la couche passive.

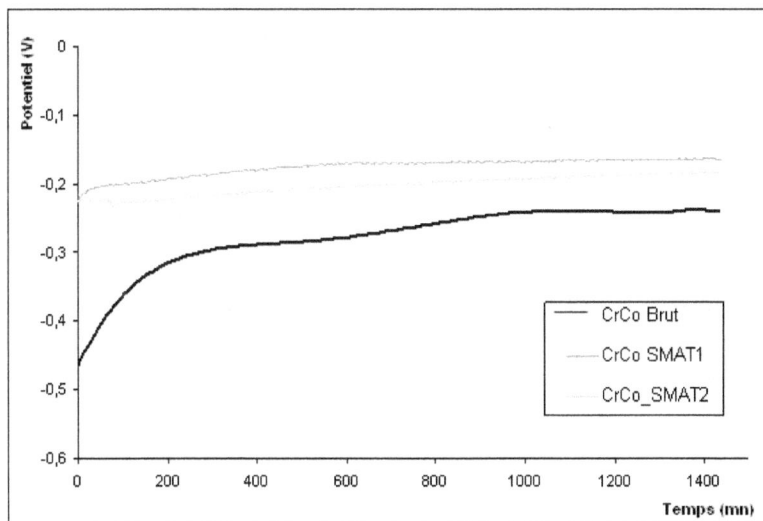

Figure III.17 : *Evolution du potentiel libre de l'alliage cobalt-chrome dans une solution de Ringer à 37 °C.*

III.4 Les courbes de polarisation :

Le potentiel appliqué à l'échantillon varie de façon continue, avec une vitesse de balayage égale à 5 mV/s, de -1000 mV/ECS jusqu'à 1000 mV/ECS. La stabilisation du potentiel libre du biomatériau est atteinte après une attente de quelques heures d'immersion ; les mesures peuvent alors être effectuées. Toutes les manipulations ont été répétées 2 fois de manière à s'assurer de la reproductibilité des manipulations.

III.4.1 Les courbes de polarisation de l'alliage de titane Ti6Al4V :

Pour l'alliage de titane Ti6Al4V, nous avons choisi de balayer entre -500 mV jusqu'à 1500 mV. La vitesse de balayage est de 1 mV/s. Les courbes de polarisation de l'alliage de titane Ti6Al4V avant et après SMAT, en solution de Ringer à 37°C sont présentées sur la figure III.18.

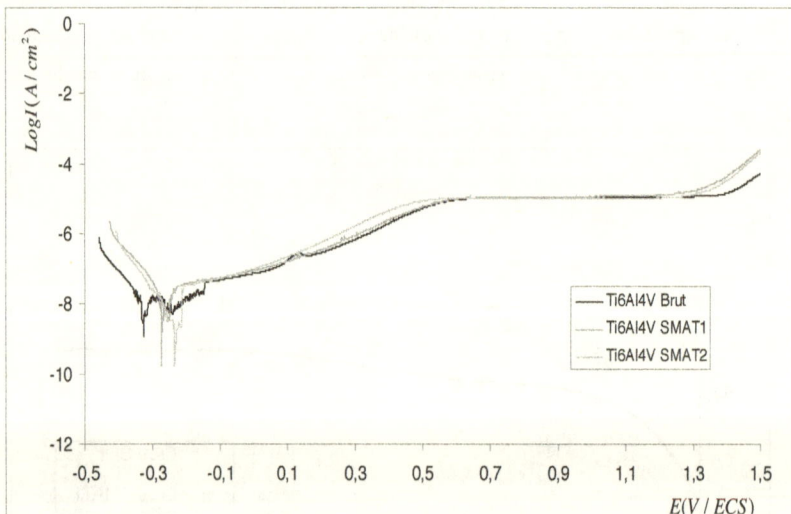

Figure III.18 *: Courbes de polarisations du Ti6Al4V dans une solution de Ringer à 37°C.*

Le comportement électrochimique de l'échantillon brut de l'alliage de titane Ti6Al4V est semblable à celui des échantillons traités (SMAT1 et SMAT2) dans la gamme du potentiel de -0,1 V/ECS à 1,5 V/ECS. Cependant, les courbes de polarisation enregistrées dans la gamme de -0,1 V/ECS à -0,5 V/ECS ont mis en évidence des différences au niveau du potentiel de corrosion et courant de corrosion. Nous remarquons également une différence au niveau des courbes cathodiques.

La densité de courant de corrosion est généralement utilisée comme un paramètre important pour évaluer la cinétique des réactions de corrosion. Le taux de corrosion est normalement proportionnel à la densité de courant de corrosion mesurée à partir des courbes de polarisation [Wang, 2006].

Les valeurs de densité de courant de corrosion (i_{corr}), le potentiel de corrosion (E_{corr}) et l'efficacité d'inhibition $E(\%)$ pour les différents échantillons de l'alliage de titane Ti6Al4V en solution de Ringer à 37°C sont reportées dans le tableau III.3.

L'efficacité inhibitrice est définie comme suit :

$$E(\%) = \frac{i_{corr}^{0} - i_{corr}}{i_{corr}^{0}} * 100$$

Où i_{corr}^{0} et i_{corr} sont les valeurs de densité de courant de corrosion de l'alliage de titane déterminées par extrapolation des droites cathodiques de Tafel, après immersion en solution de Ringer respectivement sans et avec traitement SMAT.

Echantillon (Ti6Al4V)	E_{corr} (mV/ECS)	i_{corr} (nA cm^{-2})	E (%)
Brut	-330	52	---
SMAT1	-275	35	32
SMAT2	-235	22	57

Tableau III.3 : *Paramètres électrochimiques et efficacité inhibitrice de la corrosion de Ti6Al4V dans une solution de Ringer à 37 °C.*

D'après les valeurs du tableau III.3, les densités de courant de corrosion (i_{corr}) diminuent après le traitement SMAT. L'échantillon de Ti6Al4V brut possède une densité de courant de 52 nA/cm^2 et il présente également une transition active-passive typique dans une solution de Ringer. Les valeurs de potentiel de corrosion augmentent après SMAT pour atteindre respectivement -275 mV et -235 mV pour les deux échantillons SMAT1 et SMAT2.

Donc, pour le Ti6Al4V, la densité de corrosion (i_{corr}) exprimée en nA.cm^{-2}, et qui est directement proportionnelle à la vitesse de corrosion, diminue en présence du traitement mécanique SMAT. Ainsi la résistance à la corrosion de l'alliage de titane est améliorée, ce qui confirme les résultats obtenus par les courbes de suivi de potentiel d'abandon.

Comparé avec l'échantillon brut, les échantillons SMATés ont une résistance à la corrosion plus importante. Ceci peut être confirmé par les valeurs de l'efficacité inhibitrice qui atteint 57 % pour l'échantillon SMATé avec la condition 2.

L'étude par les courbes de polarisation confirme également les résultats obtenus précédemment à l'aide des courbes de suivi de potentiel libre pendant trois jours à 37 °C. Ces résultats sont expliqués par la formation d'une couche d'oxydes, stable et insoluble dans le milieu corrosif, sur la surface de l'alliage de titane qui protège le substrat contre la corrosion.

La passivité superficielle améliorée observée pour les deux échantillons SMATés et notamment l'échantillon SMAT2 peut être probablement attribuée à la surface nanostructurée. L'affinement de grain est un autre facteur important dans la détermination du comportement de corrosion aussi bien que la rugosité superficielle [Laleh, 2011].

Plusieurs études ont montré que la déformation plastique à froid jusqu'au un certain pourcentage peut mener à une amélioration de la résistance à la corrosion des matériaux [Hoog, 2008] [Birbilis, 2010].

III.4.2 Les courbes de polarisation de l'acier inoxydable 316L :

Les courbes de polarisation de l'acier inoxydable avant et après le traitement SMAT dans la solution de Ringer à 37 °C sont représentées sur la figure III.19. Le balayage de la tension est entre -1000 mV et 1000 mV.

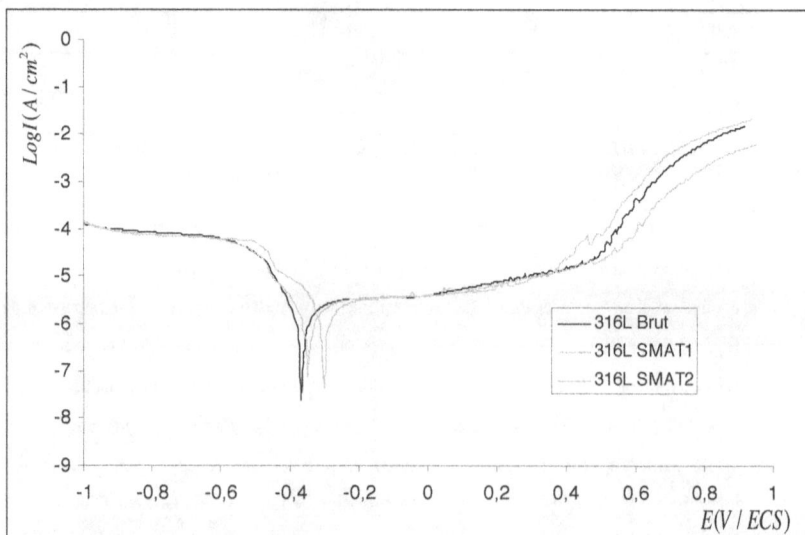

Figure III.19 : *Courbes de polarisations du 316L dans une solution de Ringer à 37 °C.*

Les courbes cathodiques présentent un domaine de cinétique mixte au voisinage du potentiel de corrosion ; puis, pour de plus fortes surtensions (-0,7 à -1 V/ECS), un pseudo palier de courant est observé pour les trois échantillons testés. Il correspond à la densité de courant limite de diffusion provenant de la réduction de l'oxygène dissous suivant la réaction suivante :

$$O_2 + 4H^+ + 4e^- \rightleftarrows 2H_2O$$

Dans le domaine anodique, les allures des courbes obtenues après le traitement SMAT sont assez proches de celle de l'échantillon brut. On note cependant que pour l'échantillon SMAT2, les densités de courant ont baissé comparativement à celles mesurées en l'absence du SMAT. Nous constatons également que les trois échantillons présentent des paliers qui caractérisent la région passive, ces paliers commencent à -0,3 V jusqu'au 0,45V pour les deux échantillons brut et SMAT2. Par contre pour l'échantillon SMAT2, le palier de passivité commence à -0,21 V jusqu'au 0,4 V. Ces résultats montrent que le SMAT agit essentiellement sur la réaction anodique ; Ce qui indique une légère amélioration des propriétés protectrices du film passif quand le SMAT est appliqué.

Les valeurs de densité de courant de corrosion (i_{corr}), le potentiel de corrosion (E_{corr}) et l'efficacité d'inhibition $E(\%)$ pour les différents échantillons de l'acier inoxydable avant et après SMAT (condition 1 et 2), en solution de Ringer à 37°C sont reportées dans le tableau III.4.

Echantillon (316L)	E_{corr} (mV/ECS)	i_{corr} ($\mu A\ cm^{-2}$)	E (%)
Brut	-366	3,1	---
SMAT1	-302	1,58	36,8
SMAT2	-349	2,5	19,4

Tableau III.4 : *Paramètres électrochimiques et efficacité inhibitrice de la corrosion de 316L dans une solution de Ringer à 37°C.*

D'après les valeurs du tableau III.4 qui résultent des courbes de polarisations de l'acier inoxydable 316L, la densité de corrosion (Icorr) diminue après le traitement mécanique SMAT et atteint 1,58 μA cm^{-2} pour l'échantillon SMAT1. Cette variation se manifeste par une diminution de la vitesse de corrosion et ainsi améliorer le comportement anticorrosif de l'acier inoxydable après le traitement SMAT.

Les échantillons SMATés de l'acier inoxydable 316L possèdent des potentiels de corrosion supérieurs à celui de l'échantillon brut (-302 mV pour l'échantillon SMAT1 et -366 mV pour l'échantillon brut). La valeur de l'efficacité inhibitrice atteint 36,8 % pour l'échantillon SMATé avec la condition 1, ce qui favorise l'utilisation de la condition 1 par rapport à la condition 2 pour traiter le 316L.

Des travaux de Hao et al. [Hao, 2009] sur l'effet du SMAT sur le comportement de corrosion de l'acier inoxydable 316L dans une solution de NaCl (0,1 mol/l) montrent que la résistance à la corrosion des échantillons 316L augmentent après un traitement SMAT-recuit. Ceci est dû à la formation rapide d'un film protecteur, riche en Cr, sur la surface des échantillons SMATés, qui a une grande résistance à l'attaque d'anions corrosifs de chlorure. Ainsi, la résistance à la corrosion après SMAT serait améliorée [Hao, 2009].

III.4.3 Les courbes de polarisation de l'alliage cobalt-chrome :

Les courbes de polarisations de l'alliage chrome cobalt avant et après le traitement SMAT dans la solution de Ringer à 37 °C sont représentées sur la figure III.20. Le balayage de la tension est entre -1000 mV et 1000 mV avec une vitesse de 5 mV/s.

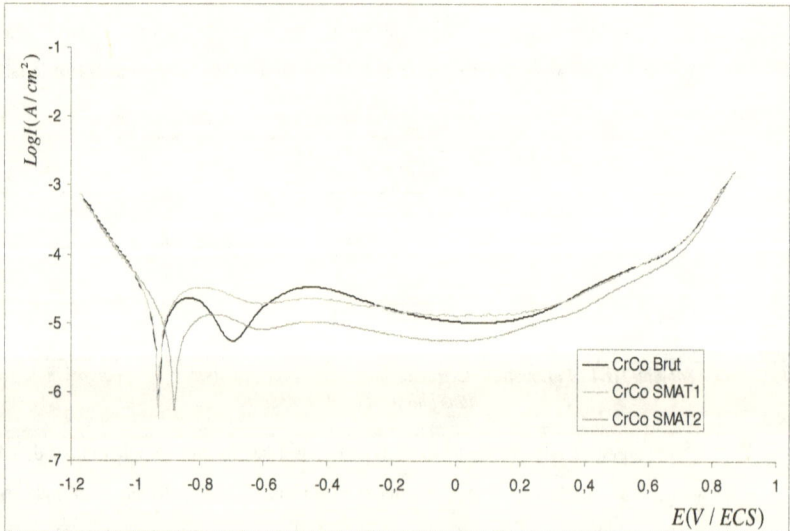

Figure III.20 : Courbes de polarisations du CoCr dans une solution de Ringer à 37 °C.

Sur la figure III.20, les deux bosses sur la courbe de l'échantillon brut (sans traitement) correspondent probablement à l'oxydation transpassive du chrome pour la 1ère (- 0,71 V (Cr3+ / Cr^{6+}) et à celle du Cobalt pour la 2ème -0,42 V (Co^{2+} / Co) [Sun, 2009]. Le palier de passivité est suivi par une transpassivation (légère bosse) puis une remontée vers 0,4 V/ECS due au dégagement d'oxygène. Les paliers de passivité des échantillons traités par SMAT sont plus longs et plus stable que celui de l'échantillon brut. Les courbes de polarisation de l'alliage cobalt chrome montrent clairement que les trois échantillons possèdent une cinétique cathodique similaire (courbes cathodiques similaires).

Les valeurs de densité de courant de corrosion (i_{corr}), le potentiel de corrosion (E_{corr}) et l'efficacité d'inhibition $E(\%)$ pour les différents échantillons de l'alliage cobalt chrome avant et après SMAT (condition 1 et 2), en solution de Ringer à 37°C sont reportées dans le tableau III.5.

Echantillon (CrCo)	E_{corr} (mV/ECS)	i_{corr} (μA cm^{-2})	E (%)
Brut	-931	15,4	---
SMAT1	-929	12,5	18,8
SMAT2	-876	5,5	64,3

Tableau III.5 : *Paramètres électrochimiques et efficacité inhibitrice de la corrosion de l'alliage Chrome Cobalt dans une solution de Ringer à 37°C.*

Les courants de corrosion sont très faibles pour tous les échantillons (de l'ordre de quelques μA/cm^2), notamment pour les échantillons traités. Cela est du à la passivation de l'alliage en raison de la présence du chrome.

Il a été observé également que la résistance à la corrosion (en termes d'i_{corr}) de l'alliage de Co-Cr dans la solution de Ringer de l'échantillon SMAT1 (i_{corr} = 12,5 μA cm^{-2}) et l'échantillon SMAT2 (i_{corr} = 5,5 μA cm^{-2}) est plus élevée que celle de l'échantillon brut (i_{corr} = 15,4 μA cm^{-2}). L'échantillon SMAT2 présente une efficacité inhibitrice de 64,3%.

III.5 La spectroscopie d'impédance électrochimique :

III. 5.1 Introduction :

Les techniques électrochimiques stationnaires, étudiées précédemment restent toutefois insuffisantes pour caractériser des mécanismes complexes, mettant en jeu plusieurs étapes réactionnelles et ayant des cinétiques caractéristiques différentes. L'utilisation des techniques transitoires devient alors indispensable. La technique la plus utilisée est la spectrométrie d'impédance électrochimique.

Chapitre III

Cette technique permet à partir des tracés des diagrammes pour chaque échantillon de déterminer les paramètres caractéristiques des mécanismes élémentaires de corrosion de chacun des matériaux étudiés. A basse fréquence, il est possible d'extrapoler la valeur de transfert de charge de la réaction électrochimique.

Des indications supplémentaires sont obtenues à partir des diagrammes d'impédance. Les diagrammes de Nyquist et de Bode des différents alliages (Ti6Al4V, 316L, CoCr) dans une solution de Ringer à 37 °C sans et avec SMAT sont détaillés dans le paragraphe suivant.

L'amplitude de la tension sinusoïdale appliquée au potentiel de polarisation est de 10 mV crête à crête, à des fréquences comprises entre 100 kHz et 10^{-1} Hz. Toutes les manipulations ont été répétées 2 fois, exactement dans les mêmes conditions.

III.5.2 Diagrammes d'impédance de l'alliage de titane Ti6Al4V :

Les diagrammes de Nyquist de l'alliage de titane Ti6Al4V immergé dans une solution de Ringer sans et avec traitement SMAT après 24 heures d'immersion à 37 °C sont présentés dans la figure III.21.

Dans le cas de l'alliage de titane Ti6Al4V, ces diagrammes sont représentés par des boucles capacitives plus ou moins aplanies. Ce type de diagrammes est généralement interprété comme un mécanisme de transfert de charge [Bouanis, 2009].

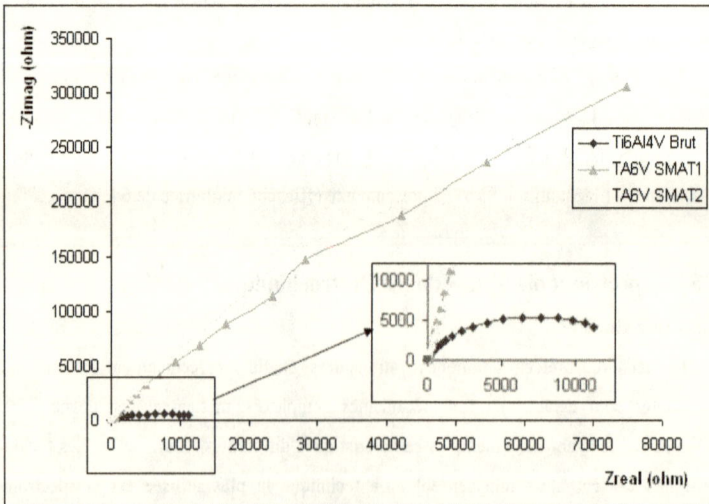

Figure III.21 : *Diagrammes de Nyquist de Ti6Al4V dans une solution de Ringer sans et avec SMAT.*

Chapitre III

En effet une seule constante de temps est détectée sur le diagramme de Bode. L'allure des trois diagrammes n'a pas subi une modification après le traitement SMAT, mais la taille de la boucle augmente de façon très nette pour les échantillons traités.

Donc, le comportement global change entre l'échantillon brut et les échantillons traités par SMAT. En effet, lorsque le traitement SMAT est appliqué, nous remarquons que l'augmentation de la taille de la boucle capacitive, qui peut être attribuée au processus de transfert de charges, est bien marquée et que la valeur de l'impédance obtenue dans le cas du témoin est plus faible que celles obtenues dans le cas des échantillons traités par SMAT. Ce résultat traduit l'influence du traitement SMAT sur le processus à l'interface métal/couche superficielle/solution.

Les diagrammes de Bode de l'alliage de titane Ti6Al4V immergé dans une solution de Ringer sans et avec traitement SMAT après 24 heures d'immersion à 37 °C sont présentés dans la figure III.22.

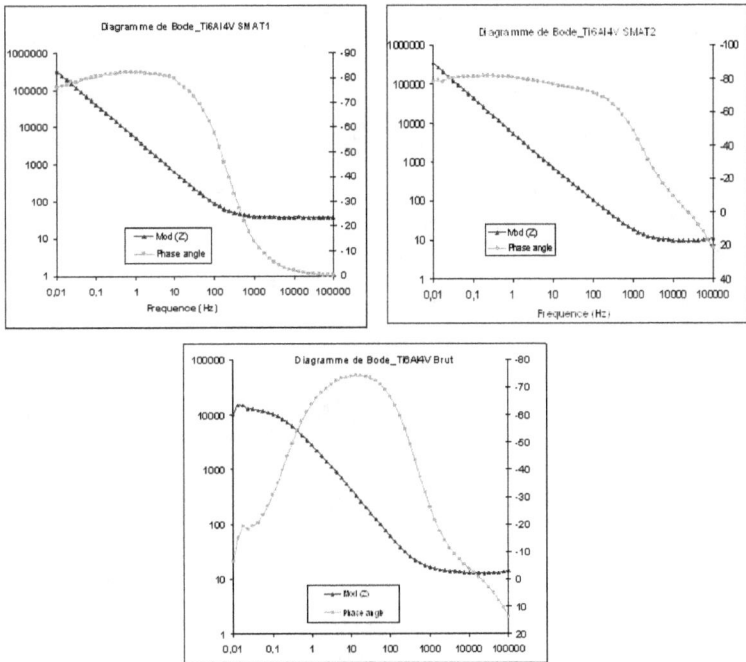

Figure III.22 : Diagrammes de Bode pour l'alliage de titane Ti6Al4V en solution de Ringer à 37 °C.

A partir des allures des diagrammes d'impédances, le circuit électrique équivalent (CEE) représentatif dans ce cas est représenté sur la figure III.23. Ce circuit est constitué d'un élément à phase constante (CPE), utilisé pour simuler un comportement non idéal du condensateur due à la forme passive du film d'oxyde, de la résistance d'électrolyte (R_s), et de la résistance de transfert de charges (R_{tc}) [Barranco, 2006].

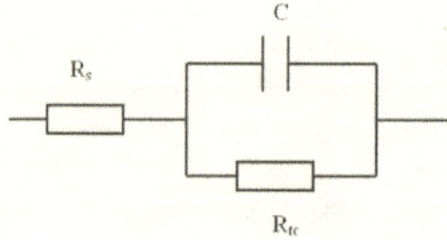

Figure III.23 : Modèle du circuit équivalent

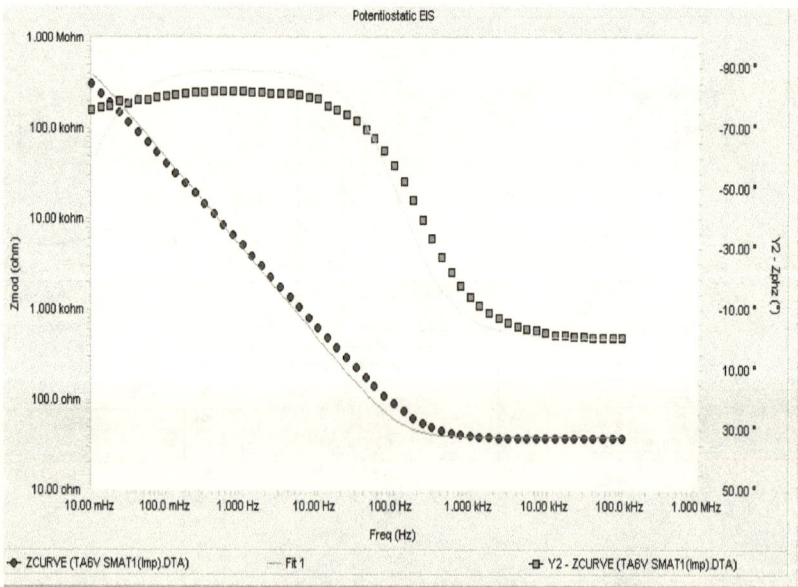

Figure III.24 : Courbes expérimentales (pointillés) et courbes ajustées (traits continus) pour la représentation de Bode de l'échantillon Ti6Al4V SMAT1.

Un excellent ajustement paramétrique des spectres d'impédance expérimentaux pour tous les échantillons bruts et SMATés a été obtenu en utilisant le modèle équivalent (Figure III.23). Les spectres expérimentaux et simulés sont bien corrélés. Les diagrammes de Bode expérimentaux et ajustés pour l'échantillon SMATé (condition 1) sont présentés, à titre d'exemple, sur la figure III.24.

Les valeurs de différents paramètres issues de l'ajustement paramétrique en utilisant ce modèle sont répertoriées dans le tableau III.6. Notons que la modélisation des données a été effectuée à l'aide du logiciel Echem Analyst par l'intermédiaire de circuit équivalent.

De façon à pouvoir conclure sur l'effet du traitement SMAT sur l'alliage de titane Ti6Al4V, il est possible de calculer les valeurs du circuit électrique équivalent des trois échantillons et de les comparer.

Les valeurs de différents paramètres issues de l'ajustement paramétrique en utilisant le *CEE*, sont répertoriées dans le tableau III.6.

Echantillon (Ti6Al4V)	R_S (Ω)	R_{tc} x10^3 (Ω)	C_{dl} (μF)	n
Brut	13,83	10,56	42,91	0,93
SMAT1	38,82	763,41	33,56	0,99
SMAT2	19,96	1700,22	30,74	0,97

***Tableau III.6** : Paramètres impédancemétriques de la corrosion de Ti6Al4V sans et avec SMAT dans une solution de Ringer à 37°C.*

L'analyse des Paramètres impédancemétriques obtenus nous permet de faire les remarques suivantes :

➢ les valeurs de R_{tc} deviennent plus importantes après l'application du traitement SMAT et atteint une valeur maximale de 1700 KΩ pour l'échantillon traité suivant la condition 2. Cette augmentation est associée à la formation d'une couche passive dans la solution de Ringer à la surface de Ti6Al4V permettant d'accroître les propriétés anticorrosion de l'alliage. Les auteurs attribuent cette efficacité à la formation d'une couche passive uniforme.

➢ L'augmentation de la valeur de *n* après le traitement SMAT, en comparaison avec celle obtenue pour le non traité, peut être expliquée par une certaine diminution de l'hétérogénéité de la surface. Ce qui indique que le procédé SMAT dans les conditions utilisées permet d'obtenir un état de surface homogène et uniforme. Ces résultats peuvent être confirmés par des analyses XPS.

➤ Avec le traitement SMAT, la valeur de la capacité (C_{dl}) diminue. Cette diminution est associée à la formation sur la surface de l'alliage de titane d'une couche passive qui se compose essentiellement de TiO et TiO_2 stable, isolante et résistante à la corrosion dans le milieu corrosif. L'épaisseur de cette dernière est variable suivant les conditions du traitement [Sodhi, 1991].

Pour conclure, le procédé SMAT change la tenue en corrosion des surfaces des échantillons de l'alliage de titane Ti6Al4V après SMAT. Ces modifications sont dues à une diminution de la capacité. La haute réactivité de Ti avec l'oxygène assure la formation du film passif qui protège la surface de l'échantillon traité, comme il y a été largement prouvé par d'autres études [Metikos, 2003]. Finalement, l'échantillon brut de l'alliage Ti-6Al-4V serait le moins protégé dans la solution de Ringer par rapport aux échantillons traités par SMAT. Pour confirmer cette hypothèse, il conviendrait de mener des investigations grâce à la spectrométrie de photoélectrons, XPS, pour avoir accès à la composition chimique de la surface.

III.5.3 Diagrammes d'impédance de l'acier inoxydable 316L :

Les diagrammes de Nyquist de l'acier inoxydable 316L sans et avec traitement SMAT après 24H d'immersion dans une solution de Ringer à 37°C sont présentés dans la figure III.25.

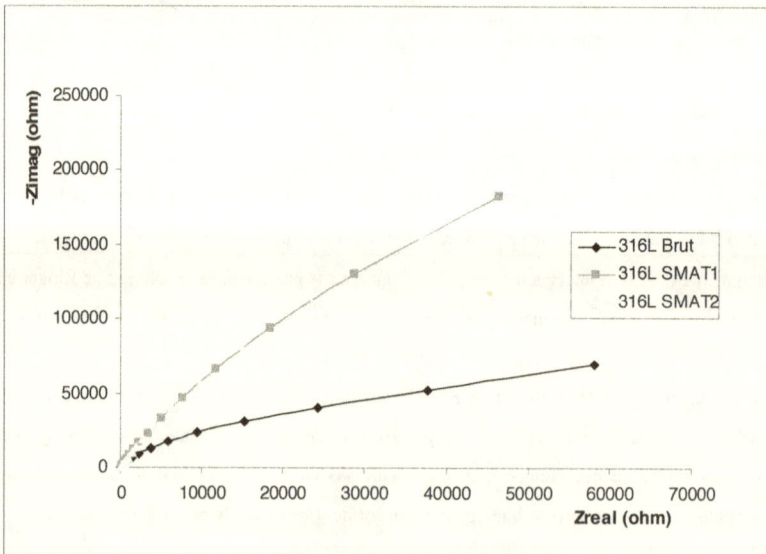

Figure III.25 : *Diagrammes de Nyquist de 316L dans une solution de Ringer sans et avec SMAT.*

Les diagrammes sont constitués des boucles relativement aplaties. Les deux diagrammes des échantillons traités sont presque similaires et se caractérisent par une augmentation très significative du diamètre de la boucle capacitive par rapport à l'échantillon brut. Comme nous pouvons le remarquer sur la figure III.25, les valeurs d'impédance des échantillons 316 L traités sont plus importantes que celui de l'échantillon brut après 24 heures d'immersion dans la solution de Ringer.

Les diagrammes de Nyquist sont caractérisés par des boucles capacitives dont le rayon augmente après l'application du traitement SMAT. Ainsi le comportement d'anticorrosion est améliorée après SMAT ce qui confirment les résultats obtenus par les méthodes électrochimiques stationnaires (suivi de potentiel libre et courbes de polarisations).

Les diagrammes de Bode de l'acier inoxydable 316L sans et avec traitement SMAT après 24 heures d'immersion dans une solution de Ringer à 37°C sont présentés dans la figure III.26.

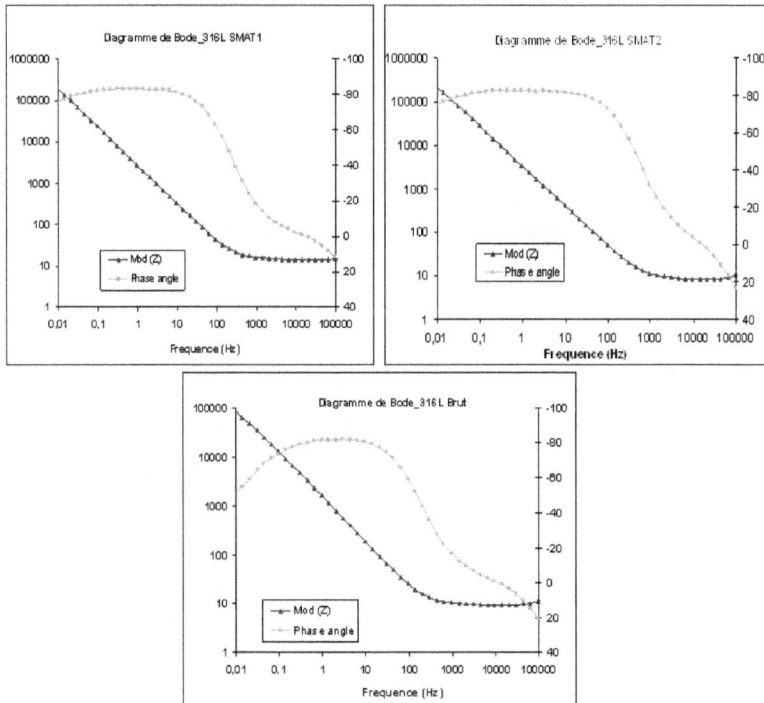

Figure III.26 : *Diagrammes de Bode pour l'acier inoxydable 316L en solution de Ringer à 37°C.*

Les diagrammes de Bode de la figure III.26 montre que les échantillons de l'acier inoxydable sont fortement capacitifs après 24 heures d'immersion. Ce comportement est typique de métaux passifs et a été identifié par d'autres auteurs pour l'acier inoxydable 316 [Pérez, 2002].

La forme des diagrammes d'impédance nous a conduit à choisir un schéma électrique simple afin d'obtenir les paramètres caractéristiques du système : la résistance de l'électrolyte (*Re*) mise en série avec la résistance de polarisation (*Rp*) en parallèle avec une capacité qui représente un élément à phase constante (*Cdl*) [Antunes, 2010].

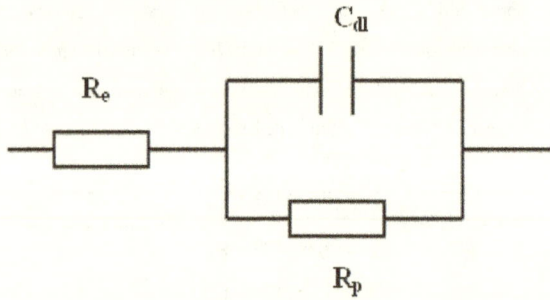

Figure III.27 : Modèle du circuit équivalent de l'acier inoxydable.

Les valeurs de différents paramètres issus de l'ajustement paramétrique en utilisant le circuit électrique équivalent (figure III.27), à l'aide du programme « Echem Analyst », sont répertoriées dans le tableau III.7.

Echantillon 316 L	R_e (Ω)	$R_p \times 10^3$ (Ω)	C_{dl} (μF)	n
Brut	10,17	91,45	106,6	0,96
SMAT1	14,94	515,5	62,74	0,98
SMAT2	12,03	542,9	50,89	0,98

Tableau III.7 : Paramètres impédancemétriques de la corrosion de 316L sans et avec SMAT dans une solution de Ringer à 37°C.

Les échantillons SMATés présentent des valeurs plus importantes de R_p et des valeurs plus faibles de C_{dl} par rapport à l'échantillon brut.

Pour l'acier inoxydable 316L, la résistance à la corrosion améliorée des échantillons SMATés par rapport au brut pourrait être attribuée non seulement à une couche passive plus épaisse, mais aussi à la taille fine des grains [Wang, 2006].

III.5.4 Diagramme d'impédance de l'alliage cobalt-chrome :

Les diagrammes de Nyquist de l'alliage cobalt chrome sans et avec traitement SMAT après 24 heures d'immersion dans une solution de Ringer à 37°C sont présentés sur la figure III.28.

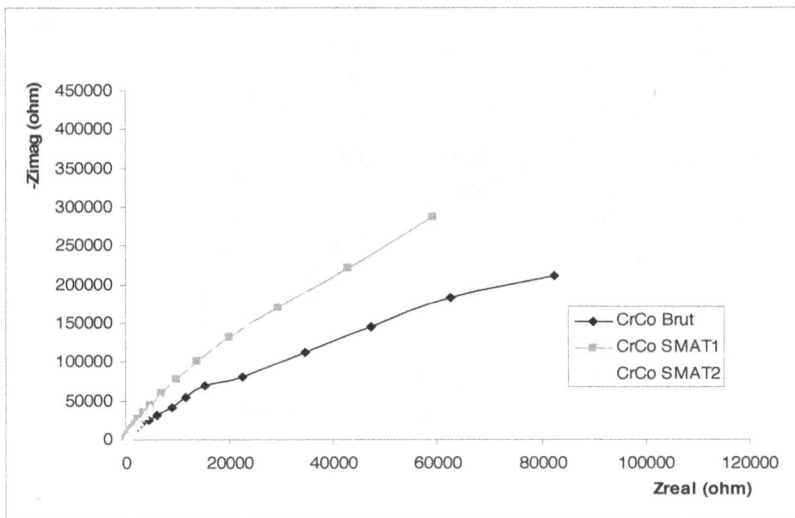

Figure III.28 : *Diagrammes de Nyquist de l'alliage cobalt chrome dans une solution de Ringer sans et avec SMAT.*

Sur les diagrammes sur la figure III.28, nous pouvons voir d'après les données d'impédance que l'interface du système alliage/solution expose un comportement capacitif sur une large gamme de fréquence, qui est un comportement typique d'un alliage passif [Hsua, 2005].

Nous constatons également que les trois diagrammes présentent les mêmes allures, mais la taille des diagrammes des échantillons traités par SMAT de l'alliage cobalt chrome est plus grande que celle de l'échantillon brut.

Les diagrammes de Bode de l'alliage cobalt chrome sans et avec traitement SMAT après 24 heures d'immersion dans une solution de Ringer à 37 °C sont présentés dans la figure III.29.

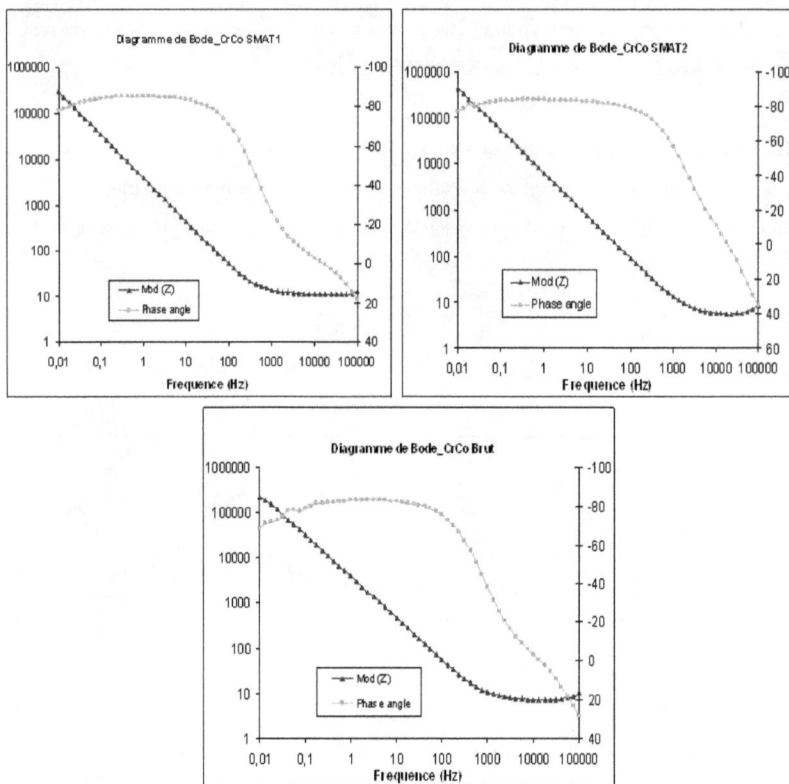

Figure III.29 : *Diagrammes de Bode pour l'alliage Cobalt Chrome en solution de Ringer à 37°C.*

Les deux échantillons traités par SMAT présentent des valeurs d'impédance élevées (environ 100 KΩ) par rapport à l'échantillon brut (70 KΩ), indiquant une amélioration de la résistance à la corrosion de l'alliage chrome cobalt après le traitement SMAT.

Selon les courbes rouges de la figure III.29 (angle de phase en fonction de la fréquence), les trois échantillons présentent des angles de phase près de -80° à basses et moyennes fréquences, suggérant la formation de film passif compact à la surface [Saji, 2009].

Le circuit électrique équivalent (CEE) représentatif dans le cas de l'alliage cobalt chrome est similaire à celui utilisé pour l'alliage de titane Ti6Al4V (Figure III.23).

Les valeurs des différents paramètres issues de l'ajustement paramétrique en utilisant le circuit électrique équivalent (figure III.23) sont répertoriées dans le tableau III.8.

Echantillon	R_e (Ω)	R_{tc} x10^3(Ω)	C_{dl} (μF)	n
Brut	7,74	399,1	41,42	0,94
SMAT1	11,62	992,8	40,05	0,98
SMAT2	15,98	1210	25,24	0,99

Tableau III.8 : *Paramètres impédancemétriques de la corrosion de l'alliage Cobalt Chrome sans et avec SMAT dans une solution de Ringer à 37 °C.*

D'après les valeurs du tableau III.8, notons l'augmentation de R_p (la résistance du film d'oxydes) des échantillons traités par SMAT ; la valeur de résistance de polarisation de l'échantillon brut (R_{tc} = 399,1 10^3 Ω) est inférieur à celle de l'échantillon SMAT1 (R_p = 992,8 10^3 Ω) et SMAT2 (R_{tc} = 1220 10^3 Ω). Ceci montre l'amélioration de la résistance à la corrosion après SMAT [Saji, 2009] c'est-à-dire un faible taux de libération d'ions métalliques dans le liquide physiologique ou le tissu cellulaire [Hsua, 2005].

III.6 Analyse chimique des surfaces par spectroscopie de photoélectrons aux rayons X (XPS) :

Pour mieux comprendre les résultats électrochimiques précédemment obtenus, des analyses XPS ont été réalisées sur les surfaces des différents échantillons avant et après SMAT. Ces essais ont été effectués après une semaine d'immersion dans une solution de Ringer à 37°C.

Les analyses auront pour but la caractérisation de la composition chimique de la couche passive sur la surface de chaque échantillon.

En effet, l'analyse de la surface d'un matériau par spectroscopie de photoélectrons X (XPS) permet d'identifier :

- les éléments présents à la surface (à l'exception de H et He),
- Les états chimiques de ces éléments,
- La proportion des états chimiques, pour chacun des éléments existants.

III.6.1 Analyses XPS du film passif sur la surface de Ti6Al4V :

Dans un premier temps, on procède à l'enregistrement d'un spectre « général », balayant l'ensemble des énergies de liaison dans le domaine de 0 à 1100 eV.

Outre les informations attendues des éléments constitutifs de l'alliage, ces spectres peuvent indiquer la présence de contamination.

La figure III.30 présente le spectre XPS général de l'échantillon Ti6Al4V brut.

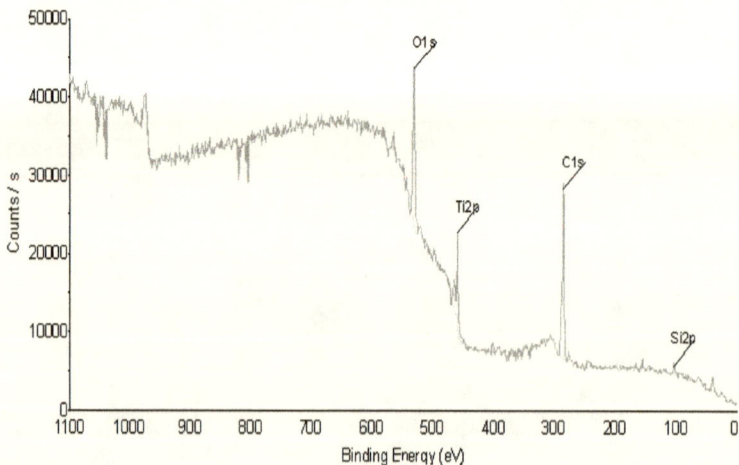

Figure III.30 : Spectre XPS de l'échantillon Ti6Al4V brut.

131

La figure III.31 présente le spectre XPS général de l'échantillon Ti6Al4V traité suivant la condition1.

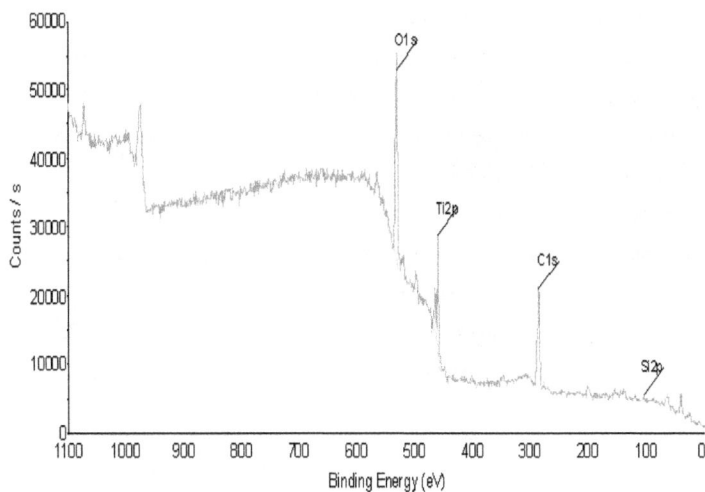

Figure III.31 : Spectre XPS de l'échantillon Ti6Al4V SMAT1.

La figure III.31 présente le spectre XPS général de l'échantillon Ti6Al4V traité suivant la condition 2.

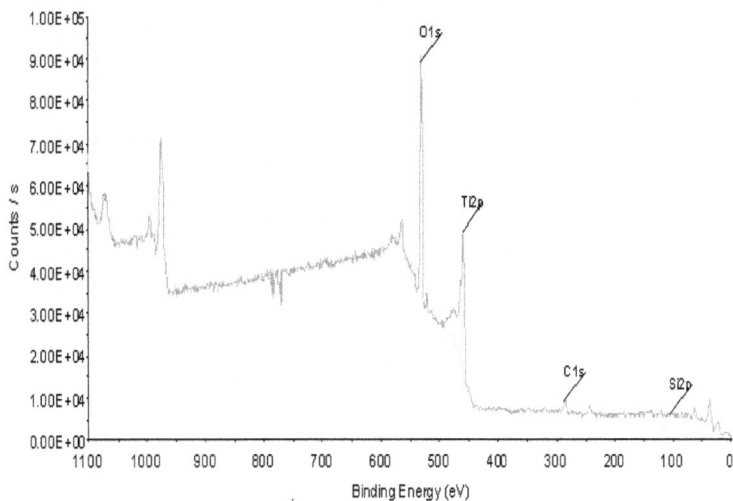

Figure III.32 : Spectre XPS de l'échantillon Ti6Al4V SMAT2.

Les spectres généraux de XPS typiques avant et après traitement montrent de la présence des éléments Ti, C, O, Al, V, Si et Na. Les pourcentages molaires des éléments déduits à partir des spectres généraux sont présentés dans le tableau III.9. Il est raisonnable de considérer que l'oxygène est principalement dû à l'oxyde de titane. Cependant, il faut garder à l'esprit la possibilté de présence d'oxygène dû à des espèces organiques, provenant de la contamination. Ceci est systématiquement observé sur des surfaces oxydées, en raison de leur haute énergie de surface [Mantel, 1995] [Landoulsi, 2008].

En considérant que l'oxygène est principalement impliqué dans l'oxyde de titane et basé sur les concentrations molaires de l'oxygène et de titane, il est possible de donner une moyenne des valeurs stœchiométrique de la couche passive.

Les données dans le tableau III.9 montrent un enrichissement considérable d'oxygène sur les échantillons traités, indiquant que le traitement SMAT améliore la formation de la couche passive d'oxyde.

Alliage titane Ti6Al4V	O1s		Ti2p		C1s		Si2p	
	énergie	%	énergie	%	énergie	%	énergie	%
Brut	531,4	8,2	459	16,5	285,7	61	102,8	12,4
SMAT1	531,2	41	458,9	18,7	285,9	37,8	103,9	2,4
SMAT2	531,1	32,1	458,9	34,4	285,6	21,7	102,7	3,7

Tableau III.9 : *Energies de liaisons (en eV) et pourcentage de chaque élément pour l'acier inoxydable 316L.*

Le tableau III.10 donne les compositions (O/Ti) relatives aux éhantillons Ti6Al4V avant et après SMAT mesurées par analyse *XPS*.

échantillon	O/Ti
Brut	0,49
SMAT1	2,19
SMAT2	0,93

Tableau III.10 : *Compositions en éléments chimiques des échantillons Ti6Al4V après immersion dans la solution de Ringer.*

Chapitre III

Les nombreuses caractérisations spectroscopiques des films d'oxyde [Ask, 1988] [Sodhi, 1991], spontanément ou anodiquement formées sur la surface de Ti6Al4V ont montré que ces films sont principalement TiO_2 avec des petites quantités de Ti_2O_3 et des oxydes d'aluminium et de vanadium.

Ces études de XPS ont montré que la composition du film passif superficiel change après le traitement SMAT et semblent avoir une influence décisive sur le comportement de corrosion de l'alliage de titane. Ainsi, la présence d'une couche passive riche en TiO_2 peut probablement expliquer l'amélioration du comportement de corrosion de Ti6Al4V après le traitement SMAT.

III.6.2 Analyses XPS du film passif sur la surface de 316L :

Les figures ci-dessous présentent les spectres généraux de l'acier inoxydable 316L avant et après le traitement SMAT (condition 1). Nous avons choisi de présenter le spectre XPS de l'échantillon SMAT1 afin de le comparer avec le spectre de l'échantillon Brut. En effet, la grande amélioration des propriétés anticorrosion de l'acier inoxydable a été obtenue avec le traitement SMAT suivant la condition 1. Les spectres obtenus indiquent la présence de carbone, d'oxygène, de fer, de chrome, de nickel...

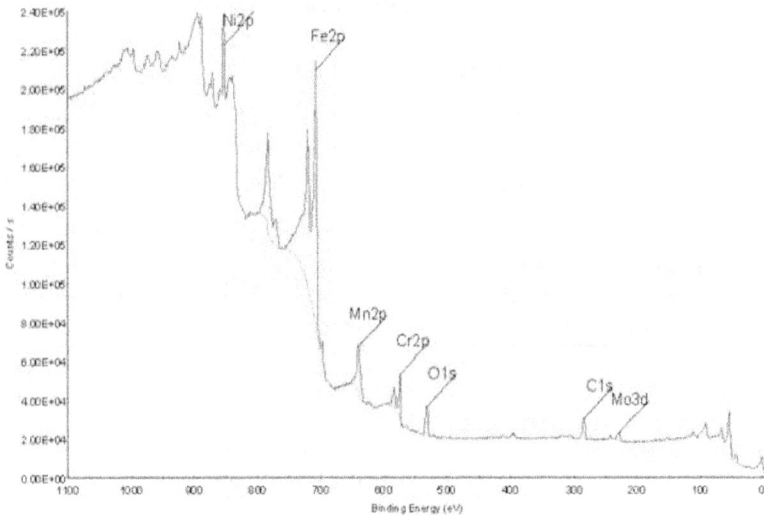

Figure III.33 : *Spectre XPS de l'échantillon 316L brut.*

Avant et après le traitement SMAT, les éléments suivants dominent à la surface de l'acier inoxydable 316L : le chrome, le cobalt, le fer, le nickel et l'oxygène. Les « petits » pics correspondent avec le manganèse, le molybdène et le carbone.

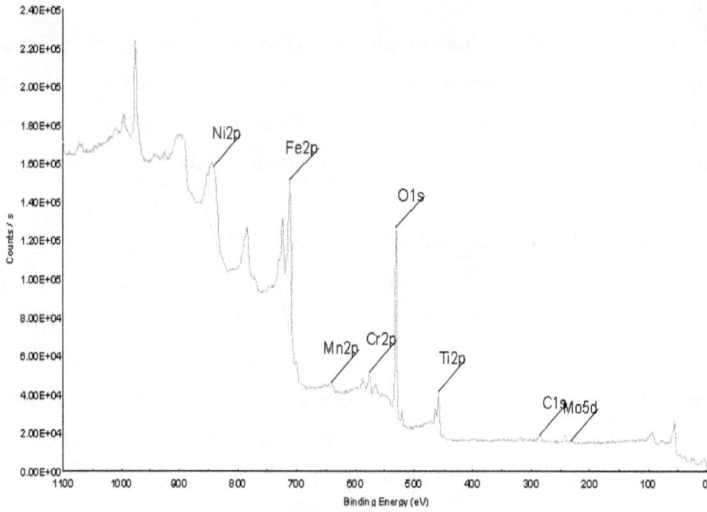

Figure III.34 : Spectre XPS de l'échantillon 316L SMAT1.

Pour l'échantillon SMAT1 traité suivant la condition 1 (figure III.34) le niveau d'oxygène augmente (présent principalement en forme d'oxydes). Notons aussi, la présence d'une faible quantité de titane qui est due au SMAT ; en effet, lors du traitement, il ya eu apport d'une faible quantité de titane de la sonotrode vers les échantillons traités.

Les énergies et les pourcentages des éléments chimiques des 3 échantillons sont représentés dans le tableau III.11.

Acier Inoxydable 316L	Fe2p		C1s		O1s		Cr2p		Ni2p	
	énergie	%	énergie	%	énergie	%	énergie	%	énergie	%
Brut	707,4	54,2	284,7	18,4	531,4	10,4	574,4	6,4	853	2,8
SMAT1	710,2	24,1	285,1	5,8	530,7	44,6	577	2,7	842,2	14,3

Tableau III.11 : Energies de liaisons (en eV) et pourcentage de chaque élément pour l'acier inoxydable 316L.

Les déconvolutions des pics d'oxygène (O1s) et de chrome (Cr2p) de l'échantillon non traité et de l'échantillon traité SMAT1 sont présentées dans la figure III.35.

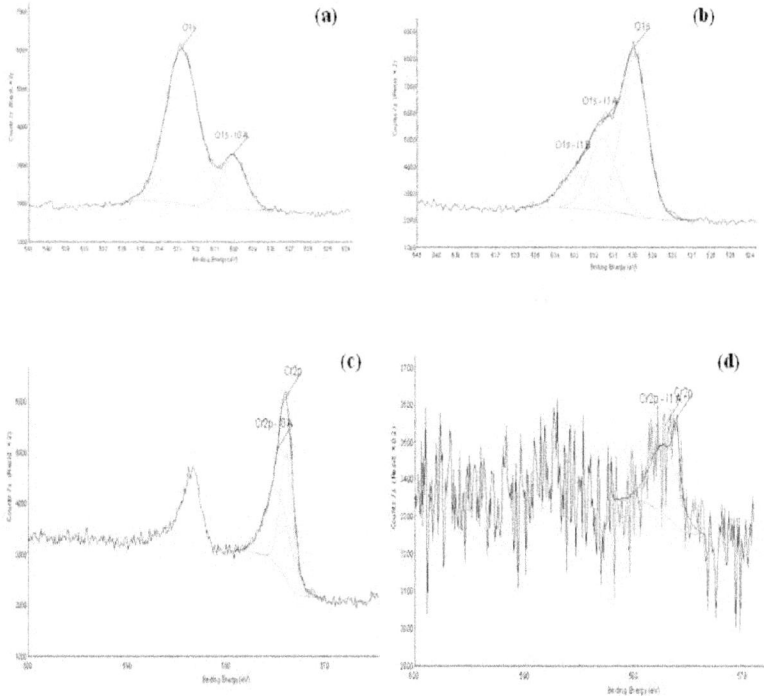

Figure III.35 : *Déconvolutions des pic XPS d'oxygène O1s (a, b), de chrome Cr2p(c, d) de l'acier inoxydable non traité (a, c) et de l'acier SMAT1 (b, d).*

Les résultats de XPS sur l'acier inoxydable 316L avant et après le traitement SMAT indiquent la présence d'oxydes sous forme Fe_xO_y pour les deux échantillons avec des quantités variables de fer [Hryniewicz, 2008].

La quantité de fer est maximale pour l'échantillon brut (54,2%), puis diminue après le traitement SMAT (environ 24% pour l'échantillon traité SMAT1).

L'analyse de pic XPS de fer (énergie de 700 à 730 eV) indique la présence des oxydes de type Fe_2O_3 sur la surface pour 710,9 eV et des composés de FeOOH apparaissent pour des énergies égalent à 711,8 eV [Hryniewicz, 2008].

La figure III.35 qui présente les déconvolutions des pics d'oxygène et de chrome indiquent également la présence d'oxydes sous forme Cr_xO_y pour les deux échantillons (brut et SMAT1). Notons aussi la diminution de la quantité de chrome après le traitement SMAT tandis qu'un enrichissement en oxygène est observé pour l'échantillon traité (SMAT1).

L'analyse de la région XPS de chrome Cr2p (énergie de 560 eV à 600 eV) sur l'échantillon brut montre que le chrome métallique est observé à une énergie égale à 574,4 eV. Cette valeur d'énergie change après le SMAT et le pic est observé à 577 eV pour l'échantillon SMAT1.

En conclusion, les oxydes formés sur la surface de l'acier inoxydable 316L sont généralement sous forme Cr_2O_3 et apparaissent pour une énergie égale à 576,8 eV. les hydroxydes $Cr(OH)_3$ arrivent pour une énergie égale à 577,3 eV.

Des travaux menés par Selvaduray et Trigwell [Selvaduray, 2005] confirment la présence de ces types d'oxydes à la surface de l'acier inoxydable après immersion dans une solution de Ringer.

En conclusion, les études menées sur l'acier inoxydable à partir des courbes de suivi de potentiel libre, la spectroscopie d'impédance électrochimique EIS (diagrammes de Bode et Nyquist) et des courbes de polarisation, indiquent une légère amélioration de la résistance à la corrosion de 316L après ce traitement SMAT. Ces résultats prometteurs de meilleur comportement de corrosion après SMAT ont été confirmés par des analyses XPS effectuées sur les surfaces superficielles

III.6.3 Analyses XPS du film passif sur la surface de l'alliage cobalt-chrome :

Les figures ci-dessous présentent les spectres généraux XPS obtenus à partir des surfaces de l'alliage cobalt chrome avant et après le traitement SMAT (condition 1 et 2). Les essais ont été réalisés après une semaine d'immersion dans une solution de Ringer à 37°C.

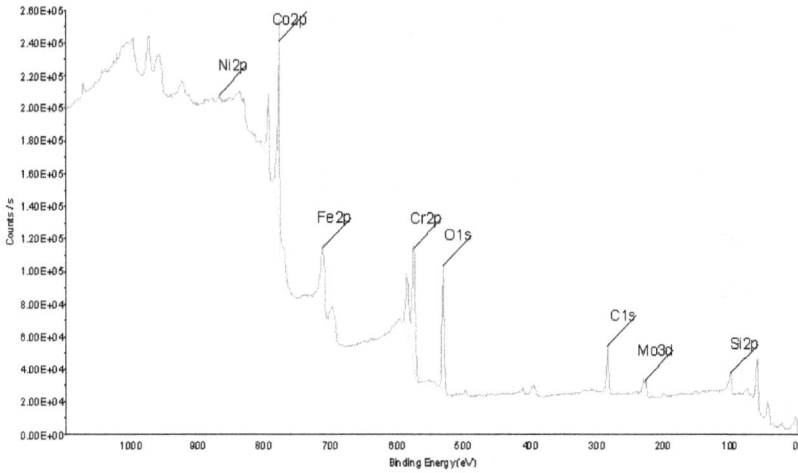

Figure III.36 : *Spectre XPS de l'échantillon d'alliage cobalt chrome brut.*

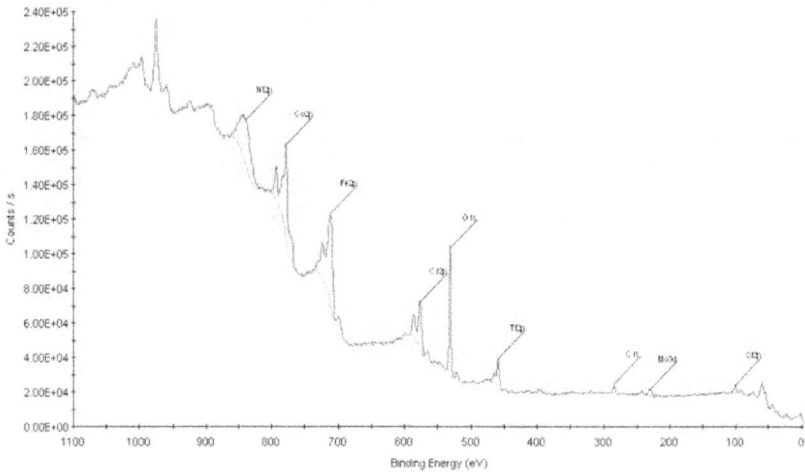

Figure III.37 : *Spectre XPS de l'échantillon d'alliage cobalt chrome SMAT1.*

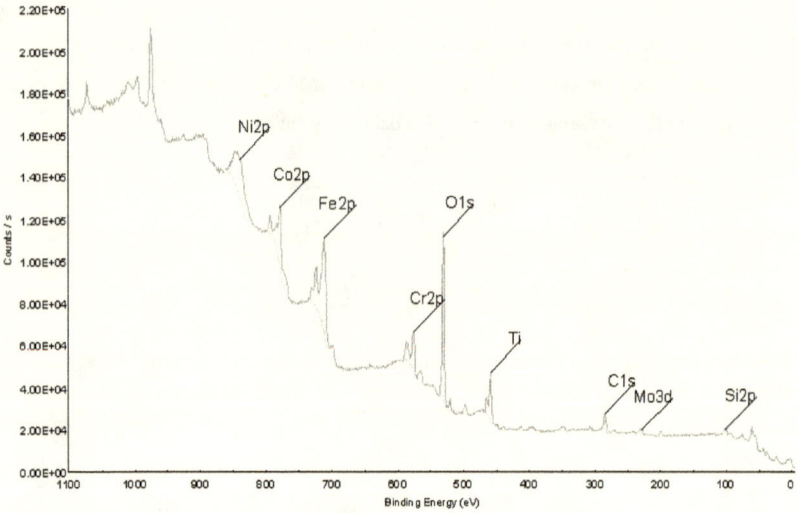

Figure III.38 : Spectre XPS de l'échantillon d'alliage cobalt chrome SMAT2.

Les énergies et les pourcentages des éléments chimiques des 3 échantillons de l'alliage cobalt chrome sont représentés dans le tableau III.12.

Alliage cobalt chrome	O1s		C1s		Fe2p		Cr2p		Co2p	
	énergie	%	énergie	%	énergie	%	énergie	%	énergie	%
Brut	530,9	26,4	285,1	21,7	712,3	7,3	575,8	14,7	778,3	14,3
SMAT1	530,8	31,8	284,9	6,6	711	15,6	576	7,9	778,4	12,8
SMAT2	530,8	27,8	285	7,3	710,7	9,8	576,1	3,9	778,4	4,9

Tableau III.12 : Energies de liaisons (en eV) et pourcentage de chaque élément pour l'alliage cobalt chrome.

Les valeurs regroupées dans le tableau III.12 montre un léger enrichissement d'oxygène sur la surface des échantillons traités par rapport à l'échantillon brut. Les pourcentages de cobalt et de chrome diminuent après SMAT. La présence de carbone est observé pour les trois échantillons avec une diminution pour les deux échantillons traités par SMAT, cet élément est probablement dû à une contamination à la surface [Hanawa, 2001].

La figure III.39 présente les déconvolutions des pics XPS d'oxygène (O1s) de l'alliage cobalt chrome pour les trois échantillons (Brut, SMAT1 et SMAT2).

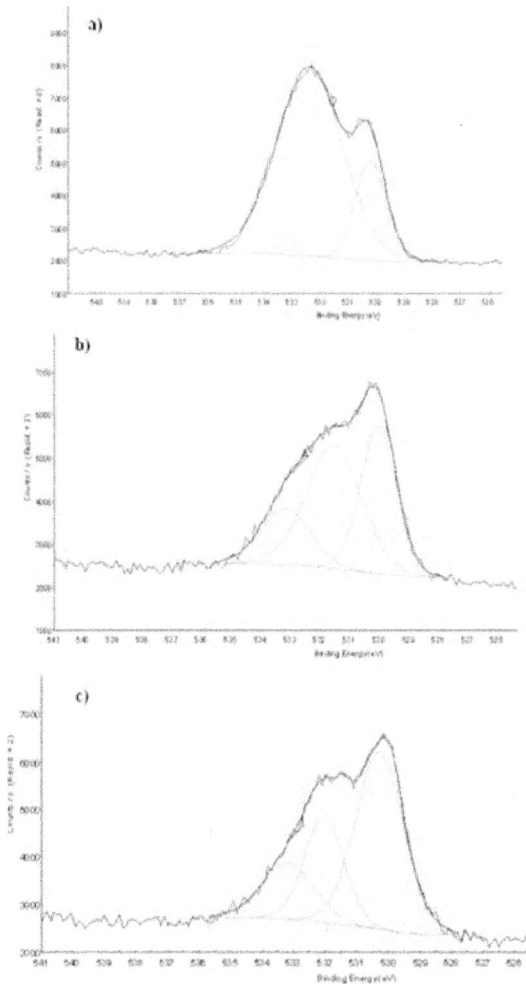

Figure III.39 : *Déconvolutions des pics XPS d'oxygène O1s de l'alliage cobalt chrome, a) brut, b) SMAT1 et c) SMAT2.*

La figure III.40 présente les déconvolutions des pics XPS de chrome (Cr2p) de l'alliage cobalt chrome pour les trois échantillons (Brut, SMAT1 et SMAT2).

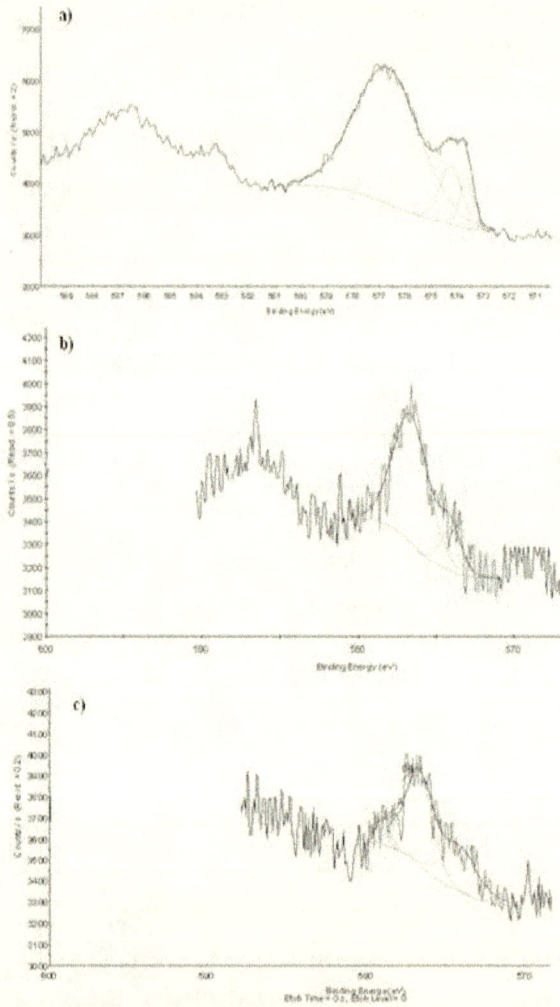

Figure III.40 : Déconvolutions des pics XPS de chrome Cr2p de l'alliage cobalt chrome, a) Brut, b) SMAT1 et c) SMAT2.

Le spectre O1s enregistré pour la surface brute (la figure III.39.a) est déconvolué en deux composantes à 532,2 et 530,2 eV. Le sommet à 532,2 eV peut être attribué à la présence d'un composé organique et le pic à 530,2 est attribué à CoO et Cr_2O_3 [Survilienė, 2008].

Pour la surface de l'échantillon traité SMAT1, le large signal de l'oxygène observé dans la gamme d'énergie de liaison de 535 eV à 527 eV, peut être attribué à plusieurs composants possédant des énergies de liaison différentes (la figure III.39.b). Les pics O1s peuvent être déconvolués en trois composantes. Le premier pic majoritaire à 531,5 eV avec un pourcentage de 46 % peut être attribué à la présence de l'oxyde de chrome (Cr_2O_3) [Schmidt, 1989], tandis que le deuxième pic à 533,1 eV avec 18 % peut être assigné au groupement C-OH et/ou C-O-C [Singamstrey, 1995]. Enfin le pic minoritaire à 530 eV peut être attribué à CoO [Briggs, 1993]. Les mêmes observations sont constatées sur l'échantillon SMAT2.

Les analyses du spectre Cr2p avant et après SMAT sont présentées sur la figure III.40. Le spectre XPS du chrome (Figure III.40.a) de l'échantillon brut révèle l'existence d'une composante d'énergie de liaison à 576,6 eV (CrO_x) [Olefjord, 1988], à 573,6eV (Cr oxydé) et 574,2 eV.

La déconvolution de spectre de chrome (Cr_{2p}) de l'alliage chrome cobalt traité SMAT1 montre la présence de deux composantes. La première majoritaire, avec un pourcentage de 83%, vers 576,6 eV est caractéristique de l'oxyde de chrome (CrO_x) [Olefjord, 1988]. Le deuxième pic est situé à 574 eV.

Le dernier spectre (Figure III.40.c) correspond à la déconvolution de Cr_{2p} de l'échantillon SMAT2. Nous pouvons distingués quatre pics. Le premier situé à une énergie de liaison de 574 eV. Le deuxième à 576,6 correspond à (CrO_x) [Olefjord, 1988]. Le troisième pic 578,3 est attribué à CrO_3 [Latha, 1997]. Le dernier pic situé à 579 eV est probablement attribué à Cr(IV) [Stypula, 1994].

Les analyses XPS de l'alliage de Cobalt chrome montrent que pendant la formation de film passif, les oxydes de Cr forment la plupart de la couche, et les oxydes de Co sont minoritaires (dissolution). Ces résultats sont en bon accord avec les travaux de Hodgson et al. [Hodgson, 2004].

D'après les travaux de Liu et al. [Liu, 2007], le changement de la microstructure d'un alliage de cobalt chrome peut influencer la croissance initiale, la compacité et l'homogénéité de la composition du film passif formé à la surface.

Conclusions :

Dans ce chapitre, l'étude a mis en évidence les paramètres optimaux du traitement SAMT utilisés pour traiter les trois biomatériaux (Ti6Al4V, 316L et l'alliage CoCr).

Des observations microscopiques (MEB et MET) ont été réalisées afin de montrer l'effet du SMAT sur la microstructure des biomatériaux traités. Lorsque le SMAT est appliqué à la surface des échantillons, une couche nanostructurée est formée à l'extrême surface de l'alliage de titane Ti6Al4V et l'acier inoxydable 316L.

La mesure des propriétés anticorrosion des biomatériaux traités par SMAT a été faite à partir d'un couplage de mesures pondérales et de tests électrochimiques tels que les courbes de polarisation et la spectroscopie d'impédance électrochimique. Ces tests ont permis de montrer que le traitement SMAT confère d'excellentes propriétés d'anticorrosion dans une solution de Ringer à 37°C et notamment pour l'alliage de titane Ti6Al4V. L'utilisation conjointe des courbes de polarisation $I=f(E)$ et des diagrammes d'impédance a permis de qualifier l'effet protecteur du traitement SMAT par la mesure des différentes valeurs électrochimiques et de comprendre les mécanismes par lesquels la modification des couches superficielles entraînait la protection du biomatériau.

La couche formée à la surface de l'alliage Ti6Al4V permet une bonne protection vis-à-vis de la corrosion. Elle conduit à une diminution conséquente de la densité de courant de corrosion (i_{corr} = 22 nA cm^{-2}), pour l'échantillon traité suivant la condition 2 (SMAT2) par rapport à celle de l'échantillon non traité (i_{corr} = 52 nA cm^{-2}) et une augmentation de la résistance de transfert de charge (R_{tc}= 1700 KΩ pour l'échantillon SMAT2 et R_{tc}= 10,56 KΩ pour l'échantillon brut). Les analyses par XPS ont permis de mettre en évidence une efficacité du film passif formé notamment par l'oxyde de titane TiO_2.

Les essais électrochimiques réalisés sur l'acier inoxydable 316L montre une légère amélioration de la résistance à la corrosion après le traitement SMAT. Nous pouvons remarquer que l'application du SMAT conduit à un accroissement de la résistance de transfert de charges (R_{tc}) qui atteint une valeur maximale de 542 KΩ cm^2 après 24 heures d'immersion dans une solution de Ringer à 37 °C. Dans les mêmes conditions, la capacité de la double couche (C_{dl}) diminue et atteint environ 50 μF. Le changement de R_{tc} est vraisemblablement dû à la formation d'une couche d'oxyde protectrice stable et insoluble dans le milieu corrosif.

Nous avons fait appel à la spectroscopie de photoélectron X (*XPS*) qui est considérée comme la méthode la plus adéquate pour la caractérisation de la couche passive formée sur la surface des échantillons de l'acier inoxydable. Les analyses montrent la présence un film passif composé essentiellement de Cr_2O_3 et Fe_2O_3.

Pour l'alliage cobalt chrome, l'amélioration des propriétés anticorrosion après SMAT est également observée. En effet, le courant de corrosion des échantillons traités diminue et atteint 5,5 μA cm^{-2} pour l'échantillon SMAT2 (i_{corr}= 15,4 μA cm^{-2} pour l'échantillon brut) ce qui nous donne une efficacité inhibitrice proche de 65%. A partir des diagrammes d'impédance, nous constatons une augmentation de la résistance de transfert de charge qui atteint une valeur maximale de 1210 KΩ. La capacité de la double couche diminue, notamment pour l'échantillon SMAT2 et atteint une valeur de 25 μF. des essais XPS réalisés sur les différents échantillons de l'alliage cobalt chrome montrent la formation d'une couche passive protectrice composé majoritairement de Cr_2O_3 et quelques autres oxydes de forme CrO_x.

Connaissant l'effet du traitement SMAT sur les biomatériaux étudiés, nous procédons dans le chapitre suivant à l'étude du comportement de l'alliage de titane Ti6Al4V vis-à-vis d'un traitement duplex SMAT-Nitruration ionique.

Références bibliographiques :

[Antunes, 2010] R.A. Antunes, A.C.D. Rodas, N.B. Lima, O.Z. Higa, I. Costa ; Study of the corrosion resistance and in vitro biocompatibility of PVD TiCN-coated AISI 316 L austenitic stainless steel for orthopedic applications, Engineering, Modeling and Applied Social Sciences Center (CECS), Federal University of ABC (UFABC), Santo André, Brazil, 2010.

[Ask, 1988] M. Ask, J. Lausmaa, B. Kasemo. Preparation and surface spectroscopic characterisation of oxide films on Ti6Al4V. Appl Surf Sci–89 ; 35:283–301, 1988.

[Barranco, 2006] V. Barranco, M.L. Escudero, M.C. Garcia-Alonso ; 3D, chemical and electrochemical characterization of blasted TI6Al4V surfaces : Its influence on the corrosion behaviour, Centro Nacional de Investigaciones Metalurgicas, CENIM, Consejo Superior de Investigaciones Cientificas, Madrid, Spain, 2006.

[Bay, 1992] B. Bay, N. Hansen, D.A. Hughes, D. Kuhlmann-Wilsdorf, Evolution of f.c.c deformation structures in polyslip., Acta. Metall. Mater., 40, 205-219, 1992.

[Bouanis, 2009] F.Z. Bouanis, F. Bentiss, M. Traisnel, C. Jama, *Electrochim. Acta*, 54, 2371, 2009.

[Birbilis, 2010] N. Birbilis, K.D. Ralston, S. Virtanen, H.L. Fraser, C.H.J. Davies, Corros. Eng. Sci. Technol. 45, 224–230, 2010.

[Briggs, 1993] D. Briggs - M.P. Seah ; Practical surface analysis. Reference : John WILLEY & SONS. Vol. 1, second edition, 1993.

[Chen, 2005] X.H. Chen, J. Lu, L. Lu, K. Lu ; Tensile properties of a nanocrystalline 316L austenitic stainless steel ; Shenyang National Laboratory for Materials Science, Institute of Metal Research, Chinese Academy of Sciences, 72 Wenhua Road, Shenyang 110016, PR China, 2005.

[Hanawa, 2001] T. Hanawa, S. Hiromoto, K. Asami, Characterization of the surface oxide film of Co-Cr-Mo alloy after being located in quasi-biological environments using XPS, Japan, 2001.

[Hao, 2009] Y. Hao, B. Deng, C. Zhong, Y. Jiang, J. Li ; Effect of Surface Mechanical Attrition Treatment on Corrosion Behavior of 316 Stainless Steel, Department of Materials Science. Fudan University. Shanghai 200433, China, 2009.

[Hodgson, 2004] A. Hodgson, S. Kurz, S. Virtanen, V. Fervel ; Passive and transpassive behavior of CoCrMo in simulated biological solutions. Electrochimica Acta, 49: 2167-2178, 2004.

[Hoog, 2008] C. Hoog, N. Biribilis, Y. Estrin, Adv. Eng. Mater. 10, 579–582, 2008.

[Hryniewicz, 2008] T. Hryniewicz, K. Rokosz, R. Rokicki ; Electrochemical and XPS studies of AISI 316L stainless steel after electropolishing in a magnetic field ; Koszalin University of Technology, Division of Surface Electrochemistry, Raclawicka 15-17, PL 75-620 Kosz-a-lin, Poland, 2008.

[Hsua, 2005] R. Wen-Wei Hsua, C. Chen Yang, C. Huangc, Yi-Sui Chenb ; Electrochemical corrosion studies on Co–Cr–Mo implant alloy in biological solutions, Department of Orthopedics, Chang Gung Memorial Hospital, Taiwan, April 2005

[Laleh, 2011] M. Laleh, Farzad Kargar ; Effect of surface nanocrystallization on the microstructural and corrosion characteristics of AZ91D magnesium alloy, Department of Materials Engineering, Tarbiat Modares University of Tehran, Iran, 2011.

[Landoulsi, 2008] J. Landoulsi, M.J. Genet, C. Richard, K. El Kirat, S. Pulvin and P.G. Rouxhet, J. Colloid Interf. Sci., 318,) (278), 2008.

[Latha, 1997] G.Latha, N.Rajendran, S.Rajeswari ; Influence of alloying elements on the corrosion performance of alloy 33 and alloy 24 in seawater : Journal of Materials Engeneering and Performance, Vol 6, N°6, 743-748, Dec 1997.

[Liu, 2007] L. Liu, Y. Li, F. Wang ; Influence of microstructure on corrosion behaviour of a Ni-based superalloy in 3.5wt.% NaCl, Electrochimica Acta, 52 : 7193-7202, 2007.

[Mantel, 1995] M. Mantel, Y.I. Rabinovich, J.P. Wightman, R.-H. Yoon, J. Colloid Interface Sci. 170 (203), 1995.

[Metikos, 2003] M. Metikos-Hukovi, A. Kwokal, J. Piljac ; The influence of niobium and vanadium on passivity of titanium-based implants in physiological solution ; Department of Electrochemistry, Faculty of Chemical Engineering and Technology, Croatia, March 2003

[Olefjord, 1988] I. Olefjord - P. Marcus ; A Round Robin on Combined Electrochemical and AES/ESCA Characterization of the Passive Films on Fe-Cr and Fe-Cr-Mo Alloys : Corrosion Science, Vol 28, N°6, 589-602, 1988.

[Roland, 2006] T. Roland, D. Retraint, K. Lu, J. Lu, Enhanced mechanical behavior of a nanocrystallised stainless steel and its thermal stability, 2006.

[Roland, 2007] Roland T. Génération de nanostructures par traitement de nanocristalisation superficielle SMAT sur matériaux métalliques et étude des propriétés mécaniques associées. Université de technologie de Troyes (UTT), 2007.

[Pérez, 2002] F.J. Pérez, M.P. Hierro, C. Gómez, L. Martínez, P.G. Viguri, Surf. Coat. Technol. 151-250–259, 2002.

[Saji, 2009] S. Viswanathan, C. Han-Cheol ; Electrochemical behavior of Co-Cr and Ni-Cr dental cast alloys, College of Dentistry, Chosun University, Gwangju 501-759, Korea, March 2009.

[Schmidt, 1989] C. Schmidt, H. Oetezmann, P. Hess, R. Nowak ; XPS characterization of chromium films deposited from $Cr(CO)_6$ at 248 nm. Reference : Applied Surface Science, Vol 43, 11-16, 1989.

[Selvaduray, 2005] G. Selvaduray, S. Trigwell, Effect of surface treatment on surface characteristics of 316L stainless steel, in : Proc. Of the Confer. Materials and Processes for Medical Devices, Boston MA, November 14–18, 2005.

[Singamstrey, 1995] C.S. K. Singamstey, C.U. Pittman, G.L. Booth, S.D. Gardner ; Surface characterization of carbon fibers using angle-resolved XPS and ISS. Reference : Carbon, Vol 33, N°5, 587-595, 1995.

[Sodhi, 1991] R. Sodhi, A. Weninger, J. Davies ; X-rayphotoele ctron spectroscopic comparison of sputtere Ti, Ti6Al4V, and passivated bulk metals for use in cell culture techniques. J Vac Sci Technol ; 9:1329–33, 1991.

[Stypula, 1994] B. Stypula - J. Stoch ; The characterization of passive films on chromium electrodes by XPS : Corrosion Science, Vol 36, N°12, 2159-2167, 1994.

[Sun, 2009] D. Sun, J.A. Whharton, R.J.K. Wood, W.M. Rainforth, Microabrasion–corrosion of cast CoCrMo alloy in simulated body fluids, Tribol. Int. 42 (1) 99–110, 2009.

[Survilienė, 2008] S. Survilienė, V. Jasulaitienė, A. Češūnienė, A. Lisowska-Oleksiak ; The use of XPS for study of the surface layers of Cr–Co alloy electrodeposited from Cr(III) formate–urea baths ; Institute of Chemistry, A.Goštauto 9, 01108 Vilnius, Lithuania, 2008.

[Wang, 2006] Z.B. Wang, J. Lu, K. Lu ; Wear and corrosion properties of a low carbon steel processed by means of SMAT followed by lower temperature chromizing treatment ; Shenyang National Laboratory for Materials Science, Institute of Metal Research, Chinese Academy of Sciences of Shenyang, China, 2006

[Xu, 2011] K-d. Xu, J-n. Wang, A-h. Wang, H. Yan, X-l. Zhang, Z-w. Huang, Curr. Appl. Phys. 11, 677–681, 2011

[Zhang, 2009] L. Zhang, Y. Han ; Effect of nanostructured titanium on anodization growth of self-organized TiO2 nanotubes, State Key Laboratory for Mechanical Behavior of Materials, Xi'an Jiaotong University, China, 2009.

Chapitre III

Chapitre IV :

Comportement en corrosion du Ti6Al4V après un traitement duplex SMAT-Nitruration

IV.1 : Introduction :

Les alliages de titane sont de plus en plus utilisés pour des applications biomédicales, comme les implants dentaires ou les prothèses, en raison de leurs propriétés : légèreté, bonne résistance à la corrosion dans les milieux biologiques, faible réaction avec les tissus et bonnes propriétés mécaniques [Gordin, 2005]. Par contre ces alliages de titane présentent l'inconvénient d'avoir une faible dureté et donc une faible résistance à l'usure. L'utilisation d'une couche de nitrure de titane pour augmenter la dureté est fréquemment pratiquée : ce nitrure est très connu pour ses propriétés de dureté et il est également reconnu comme matériau biocompatible [Sonoda, 2002]. Cette couche de nitrure peut être créée par la nitruration directe en phase gazeuse : par rapport à une méthode de dépôt de TiN, cette méthode présente plusieurs avantages, entre autres : une pénétration de l'azote qui augmente également la dureté des zones sous-jacentes et une grande facilité de réalisation, même sur des prothèses de formes complexes, de façon reproductible [Venugopalan, 1999].

Connaissant l'effet du traitement SMAT sur les biomatériaux étudiés, nous procédons à l'étude de comportement de l'alliage de titane Ti6Al4V vis-à-vis d'un traitement duplex SMAT-Nitruration ionique.

Le choix du matériau de l'étude est porté sur l'alliage de titane Ti6Al4V non seulement parce qu'il est l'un des biomatériaux les plus utilisés dans le domaine biomédical et notamment pour les prothèses de hanche mais aussi en raison des résultats intéressants du comportement en corrosion de cet alliage après le traitement SMAT, comme montré dans le chapitre III.

Plusieurs chercheurs ont révélé dans leurs investigations qu'un processus de nitruration ionique à une température relativement basse (350 – 600 °C) permettait de réaliser des couches de diffusion présentant d'excellentes propriétés de dureté et de résistance à l'usure[Grenier, 1997] et à la fatigue, avec dans certains cas une amélioration de la résistance à la corrosion des alliages de titane [Becdelievre, 2002].

Pour comprendre les mécanismes de nitruration (diffusion d'azote) dans l'alliage de titane déformé par un traitement mécanique, il est nécessaire dans un premier temps de mener quelques observations microscopiques et des essais de caractérisation sur l'alliage de titane SMATée et nitruré. Dans une première partie, nous présentons l'effet du traitement mécanique sur la diffusion d'azote dans le biomatériau.

Dans une seconde partie, une série d'expérimentations (suivi de potentiel libre, courbes de polarisations, diagrammes d'impédances et analyses XPS) sur les échantillons grenaillés et nitrurés est présentée afin de déterminer l'influence du traitement duplex SMAT-nitruration sur le comportement en corrosion de l'alliage de titane Ti6Al4V.

IV.2 Traitement duplex sur l'alliage de titane Ti6Al4V :

Pour cette étude, les mêmes conditions SMAT utilisés dans le chapitre III sont maintenues pour traiter l'alliage de titane Ti6Al4V (SMAT 1 et SMAT2). Elles sont ici rappelées (tableau IV.1).

Condition	Amplitude (μm)	Temps (min)	Masse des billes (g)	Diamètre des billes (mm)
SMAT1	± 25	15	20	2
SMAT2	± 25	20	20	3

Tableau IV.1 *: Les deux conditions SMAT optimales utilisés pour traiter le Ti6Al4V avant la nitruration.*

Une nitruration est effectuée sur les trois échantillons (Brut, SMAT1 et SMAT2) suivant les paramètres présentés dans le tableau IV.2. Ces paramètres ont été choisis après plusieurs tests effectués au CRITT (Centre Régional d'Innovation et de Transfert de Technologie spécialisé dans les matériaux, dépôts et traitements de surface basé à Charleville-Mézières) afin d'optimiser les paramètres de diffusion de l'azote dans l'alliage de titane Ti6Al4V.

Température (°C)	580
Durée (h)	20
Gaz	50% Azote, 50% Hydrogène
Débit total de gaz (l/min)	2,5
Pression gaz (Pa)	500
Intensité générateur	80%

Tableau IV.2 *: Paramètres de nitruration utilisés pour traiter le Ti6Al4V.*

Sur la figure IV.1, les coupes sens transverse révèlent au niveau de la surface de l'échantillon une couche nitrurée. Il s'agit d'une couche de diffusion dans laquelle de l'azote a diffusé en insertion.

Nous constatons une légère amélioration de la diffusion de l'azote après le traitement SMAT ; en effet, l'épaisseur de la couche sur l'échantillon brut est d'environ 10 μm et celle des deux échantillons traités est entre 10 μm et 12 μm (diffusion non homogène sur toute la surface notamment pour l'échantillon SMAT1).

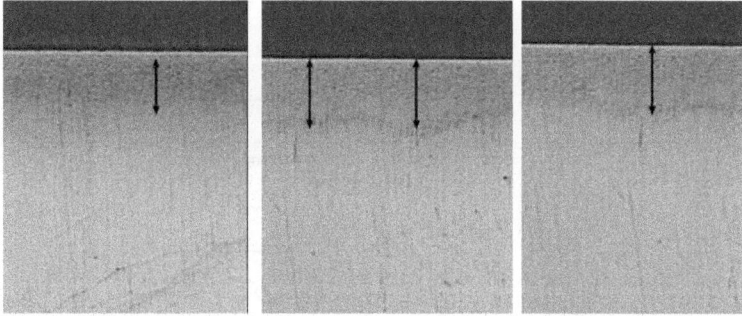

Figure IV.1 : Coupes micrographiques en sens transverse observées au Microscope Optique (a) après un traitement de nitruration à 580°C (b) après SMAT1 nitruré et (c) après SMAT2 nitruré.

IV.3 Analyses des surfaces traitées par SDL :

Les analyses par SDL permettent de déterminer les concentrations des différents éléments chimiques à la surface des échantillons traités. Les spectres SDL des trois échantillons de l'alliage de titane Ti6Al4V traités sont présentés sur la figure IV.2.

Les analyses par SDL effectuées sur les échantillons de Ti6Al4V traité par SMAT-nitruration montrent la présence de Ti, Al, C, V et O. la présence d'azote (N) est limitée à la couche superficielle des échantillons.

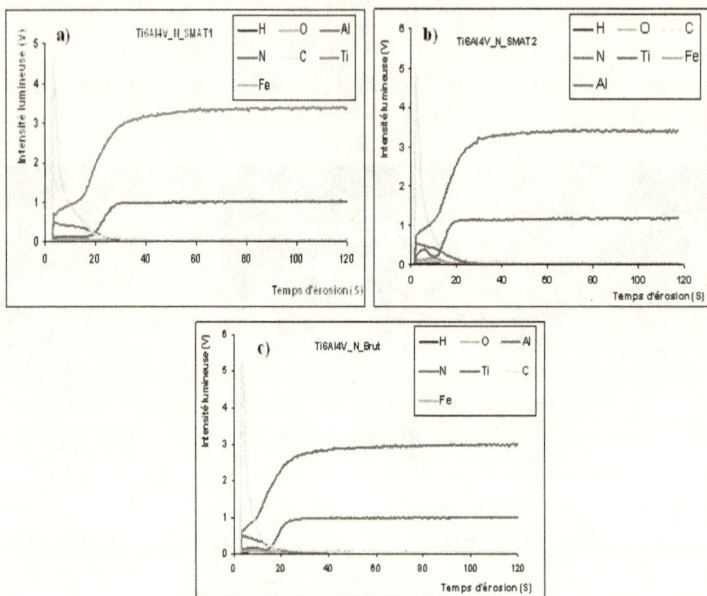

Figure IV.2 : *Spectres SDL après nitruration à 580 °C sur (a) un échantillon SMAT1, (b) sur un échantillon SMAT2 et (c) sur un échantillon Brut.*

La figure IV.3 montre des profils de diffusion de l'azote, mesurés par SDL, sur les échantillons de l'alliage de titane Ti6Al4V nitrurés à 580°C avant et après SMAT.

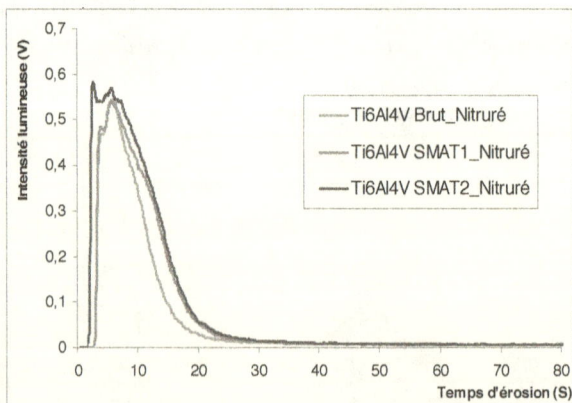

Figure IV.3 : *Profils de diffusion de l'azote pour les échantillons Ti6Al4V nitrurés à 580 °C.*

La nitruration appliquée sur les deux échantillons SMATés révèle un résultat légèrement différent de celui de l'échantillon brut nitruré. Ces profils reflètent ce qui a déjà été présenté précédemment dans les observations microscopiques et confirment la légère amélioration de la diffusion de l'azote par le SMAT.

Sur l'échantillon en Ti6Al4V brut, l'azote est présent sur les premières secondes d'érosion alors que dans le cas des échantillons préalablement grenaillés, l'azote est présent sur une plus longue durée notamment pour la condition SMAT2. Les analyses réalisées par SDL permettent de confirmer l'hypothèse que la présence d'azote est plus importante sur l'échantillon SMATé et nitruré.

Dans la partie suivante, une étude complète des propriétés anticorrosion à l'aide des différentes techniques électrochimiques sera réalisée sur l'alliage de titane SMATé et nitruré. Les résultats obtenus seront comparés à ceux de l'étude précédente réalisée sur le Ti6Al4V après un traitement SMAT seulement.

IV.4 Tenue en corrosion du Ti6Al4V après un traitement duplex SMAT+Nitruration :

Pour déterminer l'effet du traitement duplex SMAT-nitruration sur la tenue en corrosion de l'alliage de titane Ti6Al4V, différents tests électrochimiques ont été effectués dans une solution de Ringer à 37 °C. Nous présentons lors de cette étude les courbes de suivi du potentiel libre, puis les courbes de polarisation et enfin les diagrammes d'impédances (diagrammes de Bode et de Nyquist).

Les mêmes conditions SMAT que la première partie (Chapitre III) ont été utilisées pour traiter l'alliage de titane Ti6Al4V. Cela va nous permettre de comparer nos résultats avec ceux des échantillons SMATés et voir l'éventuelle amélioration après la nitruration.

IV.4.1 Suivi du potentiel libre :

Les tests de suivi du potentiel libre de l'allaige de titane Ti6Al4V ont été effectués dans une solution de Ringer à 37 °C, la durée de l'essai est de 24 heures. Les courbes obtenues sont présentés sur la figure IV.4.

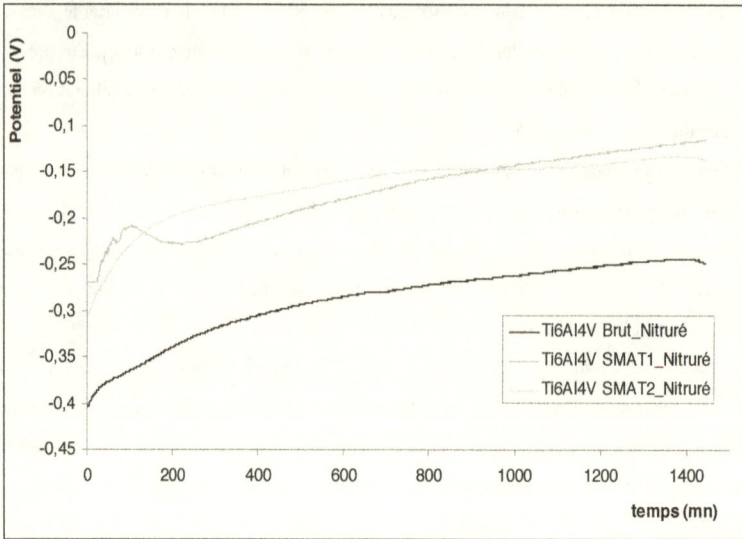

Figure IV.4 : *Courbes du potentiel libre du Ti6Al4V SMATé et/ou nitruré dans une solution de Ringer à 37°C.*

D'après la figure IV.4, les trois courbes présentent quasiment la même allure. On constate globalement une croissance du potentiel libre au cours du temps. Cette évolution peut être expliquée par la formation d'un film passif formé des oxydes principalement TiO_2 et aussi TiN.

Nous pouvons en déduire que le procédé duplex SMAT-Nitruration améliore considérablement le potentiel d'abandon des échantillons de l'alliage de titane (Ti6Al4V). En effet, le potentiel libre augmente au cours du temps pour atteindre une valeur stable au bout de 24 heures d'immersion dans la solution de Ringer ; cette valeur est de -0,27 V/ECS pour l'échantillon nitruré, elle atteint des valeurs proches de -0,15 V/ECS pour les deux échantillons traités par le traitement SMAT-Nitruration.

IV.4.2 Courbes de polarisations :

Les courbes de polarisations des trois échantillons de l'alliage de titane Ti6Al4V sont représentées sur la figure IV.5. Les essais ont été réalisés après immersion de 24 heures dans une solution de Ringer à 37 °C. Le balayage de la tension est entre -500 mV et 1500 mV avec une vitesse de 1 mV/s.

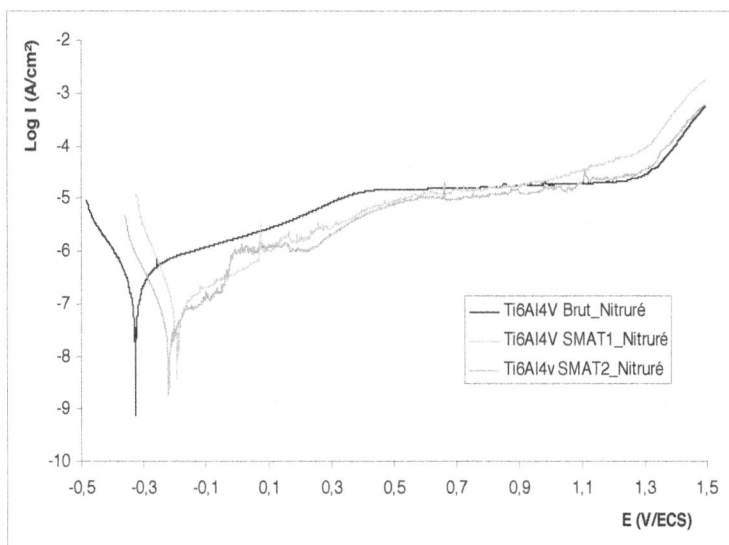

Figure IV.5 : Courbes de polarisations du Ti6Al4V après un traitement duplex dans une solution de Ringer à 37 °C.

Nous nous intéressons d'abord aux courbes de polarisations anodiques. La transition actif/passif est située vers -0,32 V/ECS pour l'échantillon brut nitruré, cette valeur est autour de -0,2/ECS pour les deux échantillons traités par SMAT-Nitruration. Le courant de pic de passivation (i_p) de l'échantillon brut est légèrement inférieur à celui des échantillons traités.

Au-delà du potentiel de passivation, la couche passive croît sur la surface et la densité du courant augmente légèrement. Le pseudo palier de courant qui suit correspond au domaine passif. Visiblement, il est plus stable pour l'échantillon brut nitruré que les deux échantillons nitrurés et SMATés. Enfin, pour des potentiels supérieurs à 1,3 V, le courant augmente à nouveau, indiquant la dissolution transpassive de l'alliage.

Les valeurs de densité de courant de corrosion (i_{corr}), le potentiel de corrosion (E_{corr}) et l'efficacité d'inhibition E(%) pour les différents échantillons de l'alliage de titane Ti6Al4V en solution de Ringer à 37 °C sont reportées dans le tableau IV.3.

Echantillon nitruré (Ti6Al4V)	E_{corr} (mV/ECS)	i_{corr} (nA cm^{-2})	E (%)
Brut	-320	72	---
SMAT1	-193	31	56
SMAT2	-216	18	75

Tableau IV.3 : Paramètres électrochimiques et efficacité inhibitrice de la corrosion de Ti6Al4V (traitement duplex) dans une solution de Ringer à 37°C après 24 heures.

D'après les résultats obtenus dans le tableau IV.3, nous pouvons conclure que :

➤ les densités de courant de corrosion (i_{corr}) diminuent après le traitement duplex SMAT-Nitruration. La valeur minimale (i_{corr} = 18 nA cm^{-2}) est observée pour l'échantillon traité suivant la condition SMAT2 et nitruré à 580°C.

➤ Le traitement duplex modifie les valeurs de E_{corr} ; ces valeurs tendent à des valeurs plus nobles après le traitement SMAT-nitruration.

➤ l'efficacité inhibitrice E(%) augmente avec le traitement duplex et atteint une valeur maximale de 75 % pour l'échantillon SMAT2 nitruré.

➤ l'étude par les courbes de polarisation confirme également les résultats obtenus précédemment à l'aide des courbes de suivi de potentiel libre. Ces résultats sont expliqués par la formation d'une couche de nitrures, stable et insoluble dans le milieu corrosif, sur la surface de l'alliage de titane Ti6Al4V qui protège le substrat contre la corrosion et améliore sa résistance.

Cette augmentation significative de la propriété de la résistance à la corrosion de l'alliage de titane Ti6Al4V obtenue après le traitement duplex peut être associée aux changements de la morphologie dans l'interface (alliage de titane/solution de Ringer).

Cette technique électrochimique stationnaire reste toutefois insuffisante pour caractériser des mécanismes complexes, mettant en jeu plusieurs étapes réactionnelles et ayant des cinétiques caractéristiques différentes. L'utilisation des techniques transitoires (diagrammes d'impédances) devient alors indispensable.

IV.4.3 Diagrammes d'impédances :

Les diagrammes de Nyquist des trois échantillons (Brut nitruré, SMAT1 nitruré et SMAT2 nitruré) de l'alliage de titane Ti6Al4V après 24 heures d'immersion dans une solution de Ringer à 37 °C sont présentés dans la figure IV.6.

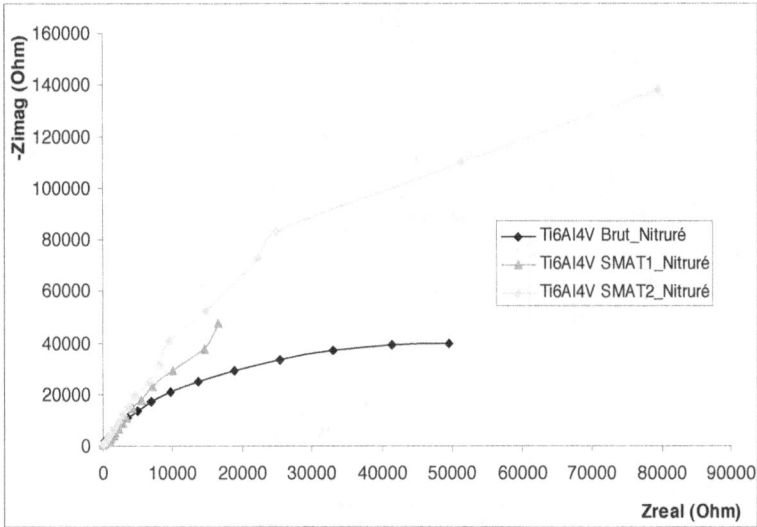

Figure IV.6 : Diagrammes de Nyquist de Ti6Al4V traité par traitement duplex.

D'après la figure IV.6, les trois diagrammes se composent des boucles capacitives de diamètres différents ; un diamètre de 50 KΩ pour l'échantillon nitruré et un diamètre de 80 KΩ pour l'échantillon SMAT2 nitruré.

Nous pourrons constater que dans le domaine passif, l'alliage est recouvert d'une couche d'oxydes protecteurs. Les résultats montrent aussi que le traitement duplex n'a pas une grande influence sur l'allure mais il augmente la taille des diagrammes d'impédances.

Les diagrammes de Bode de l'alliage de titane Ti6Al4V nitruré avec et sans le traitement SMAT après 24 heures d'immersion dans une solution de Ringer à 37 °C sont présentés dans la figure IV.7.

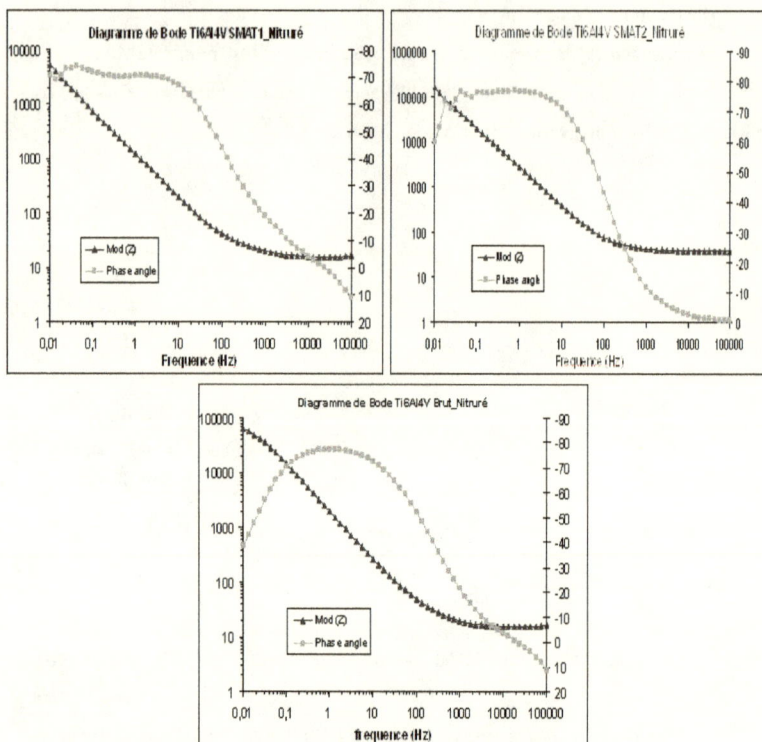

Figure IV.7 : *Diagrammes de Bode pour l'alliage de titane Ti6Al4V SMATé et/ou nitruré en solution de Ringer à 37 °C.*

Le circuit électrique équivalent (CEE) représentatif dans le cas d'un alliage de titane Ti6Al4V traité par SMAT-nitruration est représenté sur la figure IV.8. Ce circuit est constitué d'un élément à phase constante (CPE), utilisé pour simuler un comportement non idéal du condensateur due à la forme passive du film d'oxyde, de la résistance d'électrolyte (R_s), et de la résistance de transfert de charges (R_{tc}).

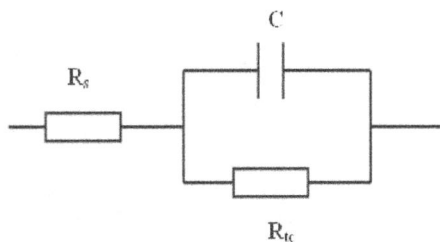

Figure IV.8 : *Modèle du circuit équivalent.*

Les valeurs de différents paramètres issus de l'ajustement paramétrique en utilisant le CEE, sont répertoriées dans le tableau IV.4.

Echantillon (Ti6Al4V) Nitruré	R_S (Ω)	R_{tc} x10^3(Ω)	C_{dl} (μF)	n
Brut	16,94	58,93	82,83	0,96
SMAT1	17,55	66,13	78,2	0,92
SMAT2	41,59	220	66,40	0,93

Tableau IV.4 : *Paramètres impédancemétriques de la corrosion de Ti6Al4V nitruré et/ou SMATé dans une solution de Ringer à 37°C.*

L'analyse des résultats obtenus des diagrammes et du tableau IV.4 nous permet de faire les remarques suivantes :

➤ les valeurs de R_{tc} deviennent plus importantes après le traitement SMAT-Nitruration et atteint une valeur maximale de 220 KΩ cm^2 pour l'échantillon nitruré SMAT2. Cette augmentation est associée à la formation d'une couche de passivation dans le milieu corrosif à la surface de l'alliage de titane permettant d'accroître les propriétés anticorrosion. Ces résultats corroborent ceux obtenus avec les courbes de suivi de potentiel libre et les courbes de polarisations. Cela est probablement du à la formation d'une couche nitrurée plus stable et plus épaisse par rapport à l'échantillon brut nitruré.

➤ Après le traitement duplex SMAT-Nitruration, les valeurs de la capacité (C_{dl}) diminuent ; en effet, pour l'échantillon brut (C_{dl}= 82,83 μF), puis cette valeur diminue après le traitement duplex pour atteindre (C_{dl}= 78,2 μF) pour l'échantillon SMAT1 nitruré et (C_{dl}= 66,4 μF) pour l'échantillon SMAT2 nitruré.

Chapitre IV

Les résultats électrochimiques présentés dans cette partie montrent que les cinétiques cathodique et anodique sont modifiées après le traitement SMAT-nitruration. Le comportement de l'interface Alliage de titane/ solution de Ringer est influencé par le traitement duplex car la valeur de résistance de transfert de charge augmente pour les deux échantillons SMATés et nitrurés.

Pour les deux conditions SMAT étudiées, les courbes de polarisation ainsi que les diagrammes d'impédance, ne montrent pas de différence significative. Néanmoins, la condition SMAT2 semble la plus adéquate pour être associée à la nitruration.

L'ensemble des résultats obtenus à partir de l'étude électrochimique plaide en faveur de la formation d'un film inhibiteur compact à la surface de l'alliage de titane traité par SMAT-nitruration dont le pourvoir protecteur se renforce au cours du temps.

Afin de mieux comprendre l'action du traitement duplex, la suite de l'étude visera à déterminer la composition du film formé à la surface de l'alliage de titane Ti6Al4V.

IV.4.4 : Analyses des surfaces par XPS :

Dans cette étude, nous procédons à la réalisation d'analyses chimiques d'extrême surface avec XPS, des trois échantillons de Ti6Al4V : Brut nitruré, SMAT 1 nitruré et SMAT 2 nitruré. L'analyse porte sur :

· La recherche des différents types oxydes présents à la surface.

· La réalisation d'une érosion chimique afin d'analyser l'évolution des nitrures.

Les analyses XPS vont ainsi permettre d'identifier les éléments chimiques présents à la surface des échantillons. En réalisant des spectres hautes résolutions des éléments détectés, nous pourrons analyser les énergies de liaison correspondantes et émettre des hypothèses sur la nature des oxydes et des nitrures.

Dans cette partie, nous présentons une sélection des spectres XPS et le traitement des données associé. Les spectres correspondent à la caractérisation des films passifs présents à la surface des échantillons Ti6Al4V après une immersion d'une semaine dans la solution de Ringer (pH = 7,2) à 37°C.

Il est rappelé que tous les échantillons sont rincés à l'eau distillée et séchés avant introduction dans le spectromètre.

Dans un premier temps, on procède à l'enregistrement d'un spectre « général », balayant l'ensemble des énergies de liaison dans le domaine de 0 à 1100 eV. Ce spectre est « la carte d'identité », à basse résolution en énergie, de l'échantillon étudié.

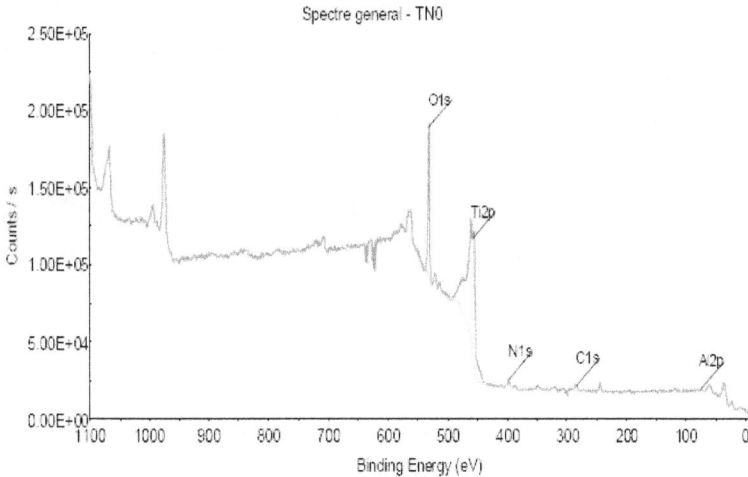

Figure IV.8 : Spectre XPS de l'échantillon Ti6Al4V nitruré sans SMAT.

Chapitre IV

La figure IV.9 présente le spectre XPS général de l'échantillon Ti6Al4V SMAT1 nitruré.

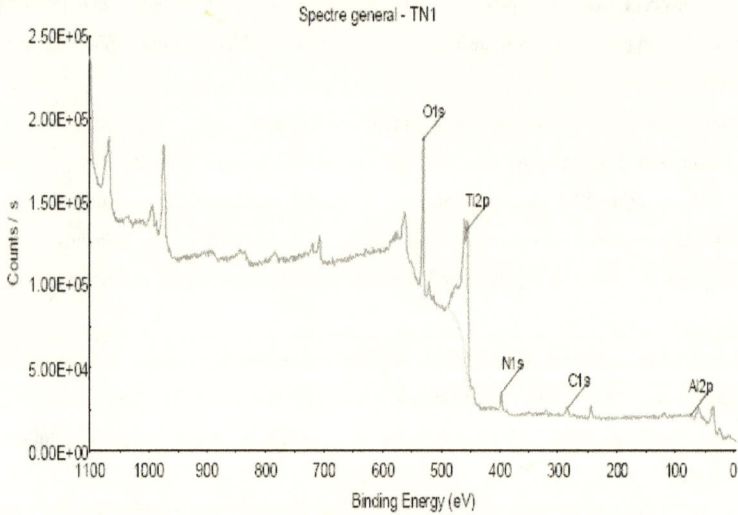

Figure IV.9 : *Spectre XPS de l'échantillon Ti6Al4V SMAT1 nitruré.*

La figure IV.10 présente le spectre XPS général de l'échantillon SMAT2 nitruré.

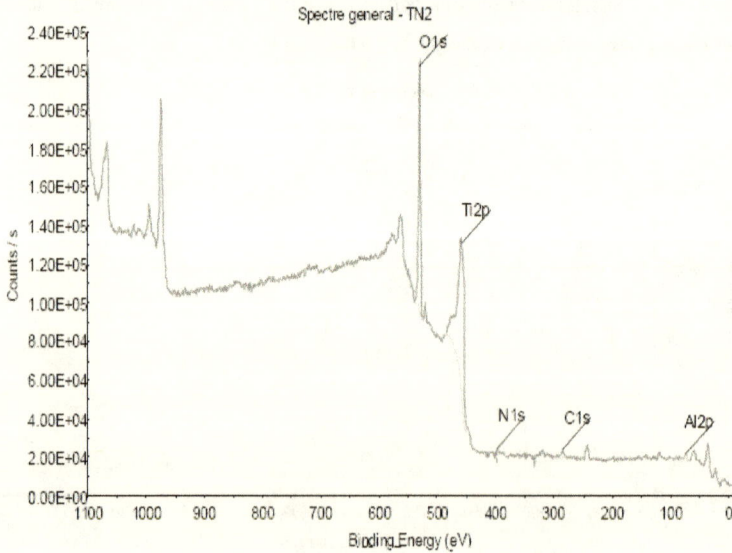

Figure IV.10 : *Spectre XPS de l'échantillon Ti6Al4V SMAT2 nitruré.*

163

Les énergies de liaisons (en eV) et pourcentage de chaque élément pour l'alliage de titane Ti6Al4V nitruré et/ou SMATé sont présentées dans le tableau IV.5.

Alliage titane Ti6Al4V	O1s		Ti2p		C1s		N1s	
	énergie	%	énergie	%	énergie	%	énergie	%
Brut	531,3	38,3	457,7	50,7	284,2	4,9	397,4	2,3
SMAT1	531,2	35,3	456,6	47,6	283,7	6,6	397,2	5,8
SMAT2	531,3	48,2	458,3	40,1	285,2	6,1	397,3	2,7

Tableau IV.5 : *Energies de liaisons (en eV) et pourcentage de chaque élément pour l'alliage de titane Ti6Al4V nitruré et/ou SMATé.*

Les données dans le tableau IV.5 montrent un enrichissement d'oxygène sur l'échantillon nitruré et SMATé suivant la condition 2 (48,2%), l'échantillon brut nitruré présente un pourcentage d'oxygène de 38,3%.

Nous constatons également une augmentation significative du pourcentage de l'azote pour l'échantillon nitruré et SMATé suivant la condition1. Le pourcentage de l'azote pour cet échantillon atteint 5,8% au lieu de 2,3% seulement pour l'échantillon brut nitruré.

La figure IV.11 représente la déconvolution des spectres XPS de l'oxygène O1s de l'alliage de titane Ti6Al4V SMATé et/ou nitruré.

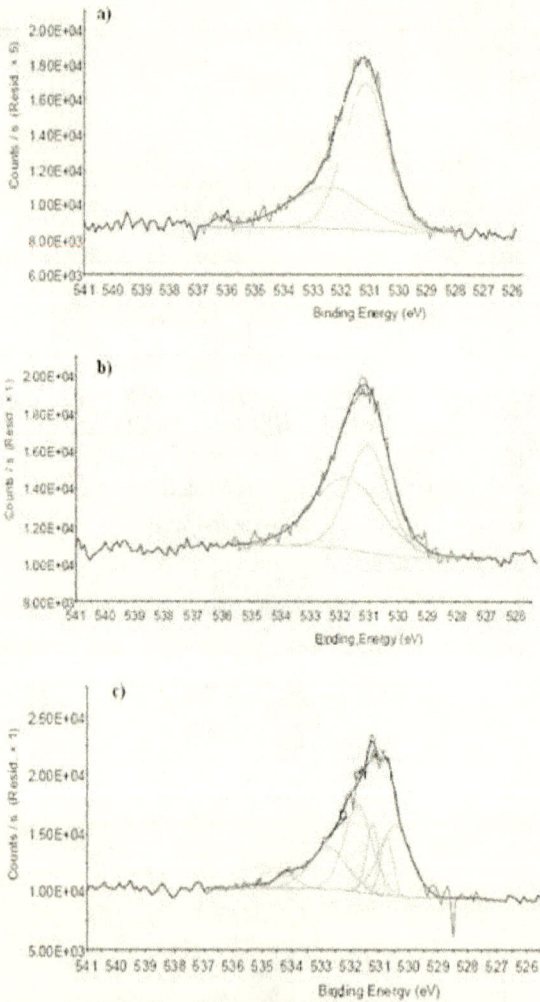

Figure IV.11 : Déconvolutions des pic XPS d'oxygène O1s de l'alliage de titane nitruré : a) Brut, b) SMAT1 et c) SMAT2.

La déconvolution des spectres de l'oxygène (O1s) de l'acier nitruré et non SMATé montre la présence de trois composantes. La première majoritaire, avec un pourcentage de 65 %, vers 531,1 eV est caractéristique de l'oxygène des métaux de transition. Le deuxième pic à 532,4 eV avec un pourcentage de 32% correspond à la liaison chimique C-O [Beguin, 1998]. Le dernier pic à 532,1 est probablement dû à Al_2O_3 [Patscheider, 1994].

La déconvolution des spectres de l'azote (N1s) du même échantillon de l'alliage de titane montre la présence de deux composantes. La première, avec un pourcentage de 56 %, vers 396,8 eV est caractéristique de la liaison N-Ti [Huravlev, 1992]. Le deuxième pic à 397,5 eV avec un pourcentage de 43% correspond à des nitrures de forme TiN [Johansson, 1993].

La déconvolution des spectres de titane (Ti2p) de l'échantillon brut non SMATé de l'alliage de titane montre la présence de deux composantes. La première majoritaire, avec un pourcentage de 89 %, vers 454,6 eV est attribué à $TiN_{0.09}O_{0.74}$ [Cardinaud, 1993] Le deuxième pic à 397,5 eV avec un pourcentage de 10% correspond à Ti_2O_3 [Huravlev, 1992].

En conclusion, l'analyse XPS de l'échantillon brut nitruré a permis de mettre en évidence la présence de l'azote en surface, une composante nitrure est également détecté sur le spectre N1s ainsi qu'une répartition différente des oxydes (Al_2O_3, Ti2O3...). Des liaisons de type C-O, C=O proviennent probablement de la couche superficielle qui pourrait être une pollution de surface provenant soit du matériau, soit des manipulations de l'échantillon.

La figure IV.12 représente la déconvolution des spectres XPS d'azote N1s de l'alliage de titane Ti6Al4V SMATé et/ou nitruré.

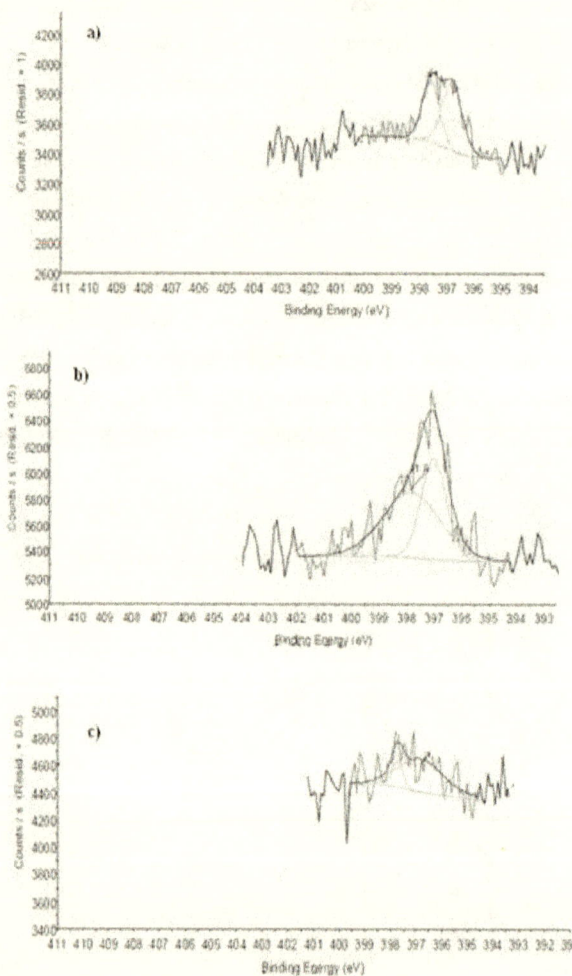

Figure IV.12 : *Déconvolutions des pic XPS d'azote N1s de l'alliage de titane nitruré : a) Brut, b) SMAT1 et c) SMAT2.*

La déconvolution des spectres de l'oxygène (O1s) de l'acier nitruré et SMATé (condition 1) montre la présence de deux composantes. La première, avec un pourcentage de 52 %, vers 533 eV est caractéristique de la liaison chimique O-Ti [Cardinaud, 1993]. Le deuxième pic à 532,2 eV avec un pourcentage de 47% correspond à Al_2O_3 [Patscheider, 1994].

La déconvolution des spectres de l'azote (N1s) du même échantillon (SMAT1 nitruré) de l'alliage de titane montre la présence de deux composantes. La première, avec un pourcentage de 59 %, vers 399 eV est attribuée au nitrure d'aluminium (AlN) [Fernandez, 1999]. Le deuxième pic à 398,2 eV avec un pourcentage de 40% correspond à l'azote à une profondeur de 0,5 nm.

La déconvolution des spectres de titane (Ti2p) de l'échantillon nitruré et SMATé 1 de l'alliage de titane Ti6Al4V montre la présence de deux composantes. La première majoritaire, avec un pourcentage de 70 %, vers 455,6 eV est attribué à un nitruré (à base de Ti et Al) [Briggs, 1993]. Le deuxième pic à 454,4 eV avec un pourcentage de 29% correspond au nitrure de titane TiN [Chopra, 1992]

En conclusion, l'analyse XPS de l'échantillon SMAT1 nitruré a permis de mettre en évidence la présence de l'azote en surface.

Les différentes liaisons chimiques après les analyses des différents spectres de l'échantillon nitruré SMAT1 montrent :

- La présence d'oxyde métallique (Al2O3, Al(OH)₃). L'hydroxyde d'aluminium est détecté après déconvolution du spectre Al2p (la déconvolution des spectres Al2p n'est pas présentée dans cette étude).

- L'Azote est principalement présent sous forme TiN et AlN.

- Le carbone sous forme de C-O et C_6H_5 pourrait provenir d'une pollution lors de la manipulation de l'échantillon.

L'amélioration de la résistance à la corrosion peut être attribuée à la présence des précipités de TiN, dont la résistance à la corrosion est supérieure à celle de titane. Cette augmentation de la résistance à la corrosion dépend du nombre et de la taille des précipités de TiN, qui dépend à son tour de la dose d'ions d'azote appliquée [Krupa, 1998].

La figure IV.13 représente la déconvolution des spectres XPS du titane Ti2p de l'alliage de titane Ti6Al4V SMATé et/ou nitruré.

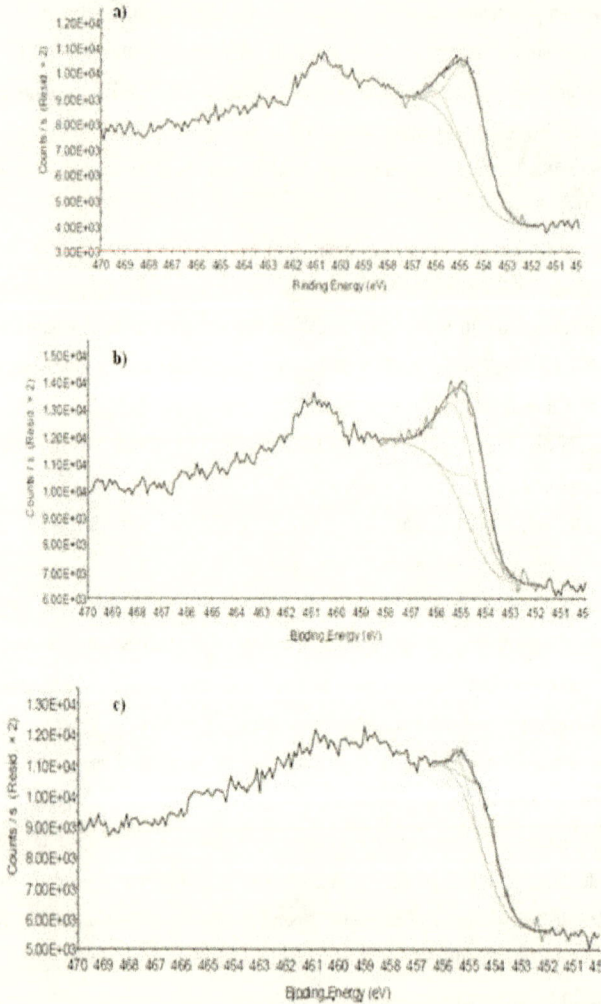

Figure IV.13 : *Déconvolutions des pic XPS du titane Ti2p de l'alliage de titane nitruré : a) Brut, b) SMAT1 et c) SMAT2.*

La déconvolution des spectres de l'oxygène (O1s) de l'acier nitruré et SMATé (condition 2) montre la présence de six composantes. La première, avec un pourcentage de 30 %, vers 531,54 eV est caractéristique de la liaison chimique $TiO_{0,73}$. Le deuxième pic à 530,26 eV avec un pourcentage de 27% correspond à TiO_2 [Borgmann, 1993]. Un troisième pic à 532,56 avec un pourcentage de 19% correpsond à la liaison chimique O-C [Cardinaud, 1993]. Les trois autres pics sont minoritaires.

La déconvolution des spectres de l'azote (N1s) du même échantillon (SMAT2 nitruré) de l'alliage de titane montre la présence de deux composantes. La première majoritaire, avec un pourcentage de 84%, vers 396,61 eV est attribuée au nitrure de titane (TiN) [Fernandez, 1999]. La deuxième minoritaire, à 397,35 eV avec un pourcentage de 15% correspond probablement à un autre type de nitrure ($TiN_{0,09}O_{0,74}$).

La déconvolution des spectres de titane (Ti2p) de l'échantillon nitruré et SMATé suivant la condition 2 montre la présence de deux composantes. La première majoritaire, avec un pourcentage de 80 %, vers 454,18 eV est attribuée au nitrure de titane (TiN) [Miller, 1986]. Le deuxième pic à 455,08 eV avec un pourcentage de 19% correspond au Ti_2O_3 [Huravlev, 1992].

En conclusion, l'analyse XPS de l'échantillon SMAT2 nitruré a permis de mettre en évidence la présence plusieurs oxydes à la surface.

Les différentes liaisons chimiques après les analyses des différents spectres de l'échantillon nitruré SMAT2 montrent :

- La présence d'oxyde métallique (Al_2O_3, $Al(OH)_3$, TiO_2, Ti_2O_3).
- L'Azote est principalement présent sous forme TiN et nitride.

L'amélioration de la résistance à la corrosion peut être attribuée à la présence des précipités de TiN, dont la résistance à la corrosion est supérieure à celle de titane. Cette augmentation de la résistance à la corrosion dépend du nombre et de la taille des précipités de TiN, qui dépend à son tour de la dose d'ions d'azote appliquée [Krupa, 1998].

IV.5 Discussion :

Dans ce paragraphe, nous allons comparer les résultats précédents de l'alliage de titane Ti6Al4V obtenus après un traitement duplex avec ceux du troisième chapitre obtenus après un traitement SMAT seul.

L'évaluation de la résistance à la corrosion de l'alliage de titane Ti6Al4V a été faite à partir d'un couplage de mesures pondérales et de tests électrochimiques tels que les courbes de polarisation et la spectroscopie d'impédance électrochimique.

Les courbes des potentiels libres effectués sur l'alliage de titane après un traitement duplex montrent que le potentiel d'abandon se stabilise au bout de 24 heures à -0,15 V/ECS pour les deux échantillons traités. Avec le SMAT seul, les valeurs de potentiel libre des échantillons SMATés atteignent des valeurs proches de -0,18 V/ECS au bout de trois jours d'immersion dans une solution de Ringer à 37°C.

Le tableau IV.6 regroupe les paramètres électrochimiques de l'alliage de titane Ti6Al4V après un traitement SMAT et/ou nitruration.

Echantillon (Ti6Al4V)	E_{corr} (mV/ECS)	i_{corr} (nA cm^{-2})	E (%)
Brut	-330	52	---
SMAT1	-275	35	32
SMAT2	-235	22	57
SMAT1_Nitruré	-193	31	40
SMAT2_Nitruré	-216	18	65

Tableau IV.6 : Paramètres électrochimiques et efficacité inhibitrice de la corrosion de Ti6Al4V dans une solution de Ringer à 37 °C après un traitement SMAT et/ou nitruration.

Les analyses des courbes de polarisation par l'extrapolation des droites de Tafel permettent de déterminer les courants et les potentiels de corrosion. D'après les résultats du tableau IV.6, l'échantillon SMAT2 semble être plus protégé que les deux autres échantillons (brut et SMAT1). En effet, le courant de corrosion est de 22 nA cm^{-2}, ce qui indique une diminution de la vitesse de corrosion.

L'efficacité inhibitrice atteint une valeur de 57%. Cette amélioration est plus significative dans le cas du Ti6Al4V traité par SMAT-nitruration ; en effet, l'échantillon SMAT2 nitruré présente une efficacité inhibitrice de 65% avec un courant de corrosion de 18 nA cm^{-2}. Pour le même échantillon, le potentiel de corrosion atteint -216 mV/ECS.

Néanmoins, nous remarquons que les courbes de polarisations des échantillons SMATés et nitrurés présentent des instabilités au niveau de la partie anodique, nous notons également une légère diminution des longueurs des paliers de passivation.

Les analyses XPS sur les surfaces traitées permettent de donner plus de détails sur les composés chimiques présents. Les résultats obtenus à partir des spectres des échantillons SMATés mettent en évidence un film passif composé essentiellement de TiO_2 avec des petites quantités de Ti_2O_3. Les analyses effectués sur les surfaces des échantillons SMATés et nitrurés montrent la formation d'une couche passive riche en nitrure de titane TiN, en présence des oxydes de titane (TiO_2 et Ti_2O_3).

Chapitre IV

Conclusion :

Dans ce chapitre, l'étude a mis en évidence les paramètres optimaux du traitement SMAT-Nitruration pour traiter l'alliage de titane. La condition optimale de nitruration doit être effectuée dans les conditions suivantes : une température de 580°C et une durée de 20 heures.

Les analyses par SDL ont montré que le traitement SMAT améliore légèrement la diffusion de l'azote dans la surface de l'alliage de titane Ti6Al4V.

La mesure de la résistance à la corrosion de l'alliage de titane Ti6Al4V traité par le traitement duplex SMAT-nitruration a été faite des tests électrochimiques (le suivi de potentiel libre, les courbes de polarisation et la spectroscopie d'impédance électrochimique). Ces tests ont permis de montrer que le traitement duplex SMAT-nitruration améliore les propriétés d'anticorrosion de l'alliage de titane dans une solution de Ringer. L'utilisation conjointe des courbes de polarisation $I=f(E)$ et des diagrammes d'impédance a permis de déterminer l'effet protecteur du traitement duplex par la mesure des différentes valeurs électrochimiques et de comprendre les mécanismes par lesquels la modification des couches superficielles entraînait la protection du Ti6Al4V.

La couche formée à la surface de l'alliage de titane Ti6Al4V permet une bonne protection vis-à-vis de la corrosion. Elle conduit à une diminution conséquente de la densité de courant de corrosion ($i_{corr} = 18$ nA cm^{-2}), pour l'échantillon traité suivant la condition 2 (SMAT2) par rapport à celle de l'échantillon non traité ($i_{corr} = 72$ nA cm^{-2}) et une augmentation de la résistance de transfert de charge ($R_{tc} = 220 \cdot 10^3 \Omega$ pour l'échantillon SMAT2 et $R_{tc} = 85,9 \cdot 10^3 \Omega$ pour l'échantillon brut). Les analyses par XPS ont permis de mettre en évidence une efficacité du film passif formé notamment par TiO_2, Ti_2O_3 et TiN.

En conclusion, après un traitement duplex SMAT-nitruration, la pièce traitée devient plus résistante vis-à-vis de son environnement. Elle a de meilleures propriétés anticorrosion. Ces améliorations sont en partie dues à la couche qui se forme en surface après le traitement

Après l'étude des propriétés anticorosion des biomatériaux après un traitement de nanostrucuration SMAT et l'étude de l'alliage Ti6AlV après un traitement duplex SMAT-nitruration, nous nous intéressons dans le dernier chapitre aux propriétés mécaniques et tribologiques des biomatériaux après le traitement SMAT. Une partie du chapitre V sera consacrée à l'effet du traitement duplex SMAT-Nitruration sur la résistance à l'usure de l'alliage de titane Ti6Al4V.

Références bibliographiques :

[Becdelievre, 2002] A.M. De Becdelievre, D. Fleche, J. De Becdelievre ; Effect of nitrogen ion implantation on the electrochemical behaviour of TA6V in sulphuric medium ; Université Claude Bernard, LYON I, Départment de Chimie Appliquée et Génie Chimique, Lyon, 69622 Villeurbanne, France, 2002.

[Beguin, 1998] F. Beguin - I. Rashkov - N. Manolova- R. Benoit ; Fullerene core star-like polymers-1. Preparation from fullerenes and monoazidopolyehers. Eur. Polym. J., Vol 34, N°7, 905-915, 1998.

[Borgmann, 1993] D. Borgmann, E. Hums, G. Hopfengartner, G. Wedler, G.W. Spitznagel, I. Rademacher ; XPS studies of oxidic model catalysts: internal standards and oxidation numbers. Journal of Electron Spectroscopy and Related Phenomena, Vol 63, 91-116, 1993.

[Briggs, 1993] D. Briggs - M.P. Seah ; Practical surface analysis. John WILLEY & SONS. Vol. 1, second edition 1993.

[Cardinaud, 1993] C.H. Cardinaud, G. Lemperiere, M.C. Peignon, P.Y. Jouan ; Characterisation of TiN coatings and of TiN/Si interface by x-ray photoelectron spectroscopy and Auger electron spectroscopy. Applied Surface Science, Vol 68, 595-603, 1993.

[Chopra, 1992] D.R. Chopra, G. C. Smith, Sunilkumar ; Photoemission study of low pressure chemical vapor deposited and reactively sputtered titanium nitride in W/TiN/Si. J. Vac. Sci. Technol. B, Vol 10, N°3, 1218-1220, May/Jun 1992.

[Fernandez, 1999] A. Fernandez, C. Real, J.C. Sanchez-Lopez, M.D. Alcala ; The use of X-ray photoelectron spectroscopy to characterize fine AlN powders submitted to mechanical attrition : NanoStructured Materials, Vol. 11, No. 2, 249-257, 1999.

[Gordin, 2005] D.M. Gordin, T. Gloriant, Gh. Nemtoi, R. Chelariu, N. Aelenei, A. Guillou, D. Ansel, Mater. Lett., 59, 2936-2941, 2005.

[Grenier, 1997] M. Grenier, D. Dub, A. Adnot, M. Fiset ; Microstructure and wear resistance of CP titanium laser alloyed with a mixture of reactive gases ; Department of Mining and Metallurgy. Laval Universit), Qudbec G I K 7P4. Canada, 1997.

[Huravlev, 1992] Ju.F. Huravlev, M.V. Kuznetsov, V.A. Gubanov ; XPS analysis of adsorption of oxygen molecules on the surface of Ti and TiNx films in vacuum. Journal of Electron Spectroscopy and Related Phenomena, Vol 38, 169-176, 1992.

[Johansson, 1993] H.I.P. Johansson, K.L. Hakansson, L.I. Johansson ; Surface-shited N1s and C1s levels on the (100) surface of TiN and TiC. Physical review B, Vol 48, N°19, 14520-14523, Nov 1993.

[Krupa, 1998]   D. Krupa, J. Baszkiewicz, E. Jezierska, J. Mizera ; Effect of nitrogen-ion implantation on the corrosion resistance of OT-4-0 titanium alloy in 0.9% NaCl environment, Warsaw University of Technology, Poland, 1998.

[Miller, 1986] A.E. Miller - C. Ernsberger, D. Banks, J. Nickerson, T. Smith ; Low temperature oxidation behavior of reactively sputtered TiN by x-ray photoelectron spectroscopy and contact resistance measurements. J. Vac. Sci. Technol. A, Vol 4, N°6, 2784-2788, Dec 1986.

[Patscheider, 1994] J. Patscheider - K.H. Ernst - M. Tobler - R.Hauert ; XPS Study of the a-C : H/Al2O3 Interface. Suface and Interface Analysis, Vol 21, 32-37, 1994.

[Sonoda, 2002] T. Sonoda, A. Watazu, J. Zhu, W. Shi, A. Kamiya, K. Kato, T. Asahina, Surf. Inter. Anal., 34, 716-718, 2002.

[Venugopalan, 1999] R. Venugopalan, M. George, J. Weimer, L.C. Lucas, Biomaterials 20,1709-1716, 1999.

Chapitre V :

Essais mécaniques et tribologiques

V.I Introduction :

Dans ce chapitre, une étude des propriétés mécaniques et tribologiques des trois biomatériaux avant et après traitement SMAT est présentée.

Leurs propriétés mécaniques ont été évaluées à l'aide de la microdureté Vickers et à une échelle fine, à l'aide de la technique de nanoindentation. Des mesures de rugosité ont été également effectuées sur les différents échantillons traités par SMAT.

Les essais tribologiques ont été menées à partir des essais de type « pion-disque » en régime lubrifié (solution de Ringer) sur deux tribomètres différents. Le premier tribomètre (HFR2) était utilisé afin d'avoir l'influence du traitement SMAT sur le comportement tribologique des biomatériaux. Cette étude s'est portée principalement sur la variation du coefficient de frottement et sur l'usure des surfaces (débris d'usure et perte de masse). Dans une deuxième partie, nous nous intéresserons à l'alliage de titane Ti6Al4V. Ainsi, un deuxième tribomètre a été utilisé afin de prédire le comportement de cet alliage avant et après un traitement duplex SMAT-nitruration. Les caractéristiques tribologiques (coefficient de frottement et volume d'usure) des surfaces traitées ont été déterminées.

L'influence de l'état des surfaces traitées sur ces caractéristiques a pu être étudiée lors d'essais de frottement sur des échantillons bruts et traités (SMAT et/ou nitruration). Des observations au microscope électronique à balayage couplées à des analyses EDS des faciès d'usure et des débris d'usure ont été entreprises afin de comprendre les mécanismes d'usure des biomatériaux traités.

Une dernière partie de ce chapitre sera consacrée au développement d'un tribocorrosimètre capable de mesurer les phénomènes d'usure combinés aux phénomènes de corrosion (tribo-corrosion), notamment sur les biomatériaux utilisés pour les prothèses de hanche. Le mode de fonctionnement du tribocorrosimètre sera présenté ainsi que ses avantages par rapport à d'autres machines.

V.2 Dureté des biomatériaux après SMAT :

La microdureté est une caractéristique importante pour les alliages destinés à des applications biomédicales notamment à cause des problèmes d'usure par frottement des prothèses de hanche. Ce frottement libère des fragments d'alliages qui peuvent nuire à l'organisme et conduire à l'échec de l'implant.

Dans un premier temps, des essais de microdureté Vickers ont été réalisés sur la section transversale de chaque échantillon afin de comparer l'influence du traitement SMAT sur l'écrouissage des différents biomatériaux étudiés.

Les essais de microdureté ont été effectués à l'aide d'une machine de dureté « Mitutoyo ». Une charge de 200 g a été appliquée pendant 10 s. Cinq mesures ont été réalisées puis moyennées à chaque profondeur. La distance entre deux mesures consécutives est 30 μm.

V.2.1 Effet du SMAT sur la dureté :

La figure V.1 présente les résultats des mesures de dureté (HV$_{0,2}$) réalisées sur l'alliage de titane Ti6Al4V après le traitement SMAT.

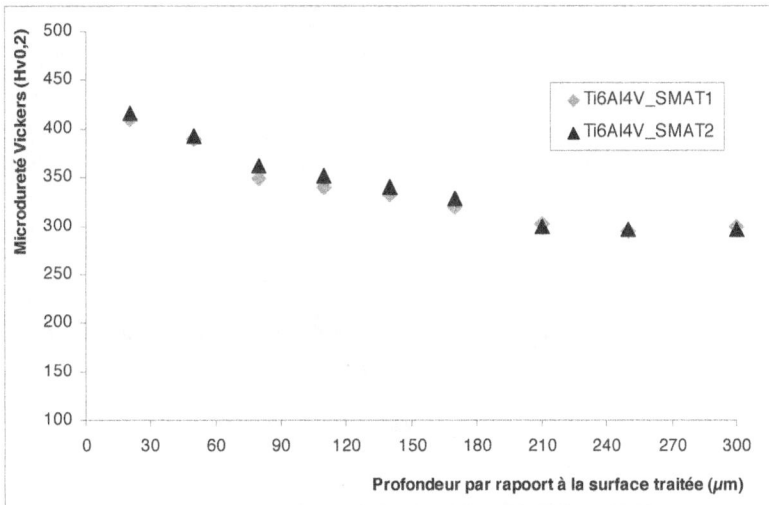

Figure V.1 : *Microduretés des échantillons Ti6Al4V en fonction de la profondeur par rapport à la surface traitée.*

Nous pouvons constater clairement que la dureté augmente après l'application du traitement SMAT. En effet, la microdureté passe d'une valeur de 420 Hv pour les deux échantillons SMATés (à 20 μm de la surface traitée), puis diminue pour atteindre 300 Hv au cœur de l'échantillon (à environ 200 μm de la surface traitée). Ces résultats sont en bon accord avec les résultats obtenus par Lu et al. [Lu, 2004]. D'après ces auteurs, l'augmentation de la microdureté après SMAT est du au mécanisme de raffinement des grains.

La figure V.1 montre aussi que les deux profils de dureté sont quasi identiques pour les deux échantillons (SMAT1 et SMAT2).

La figure V.2 présente les résultats des mesures de dureté (HV$_{0.2}$) réalisées sur l'acier inoxydable 316L après le traitement SMAT.

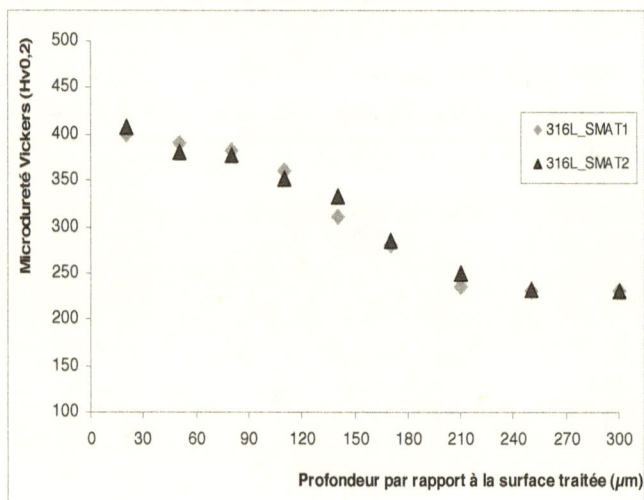

Figure V.2 : *Microduretés des échantillons 316L en fonction de la profondeur par rapport à la surface traitée.*

Pour l'acier inoxydable 316L, la valeur maximale atteinte prés de l'extrême surface est environ 400 Hv, cette valeur diminue progressivement jusqu'au cœur de l'échantillon (environ 210 μm) et atteint finalement la dureté du matériau de base qui est de 230 Hv. Donc, comme on pouvait s'y attendre, l'état brut présente une dureté plus faible par rapport aux états traités. L'écrouissage superficiel induit par le traitement SMAT en est la raison. La taille des grains a également un rôle dans le comportement observé.

L'effet des grains plus fins sur l'augmentation de la dureté est formulé dans la théorie de Hall-Petch qui révèle une relation inverse entre la dureté et la taille de grain [Dao, 2007]. L'amélioration de la microdureté de l'acier inoxydable 316 après SMAT est confirmée par Roland T. et al [Roland, 2006].

Plusieurs des défaillances métalliques, comme la fatigue, la corrosion et l'usure sont initiées à la surface. Ainsi, l'augmentation de la dureté de la couche superficielle par le SMAT est considérablement bénéfique pour augmenter la durée de vie de fonctionnement des aciers [Tao, 2003].

La figure V.3 présente les résultats des mesures de dureté ($HV_{0.2}$) réalisées sur l'alliage cobalt chrome après le traitement SMAT.

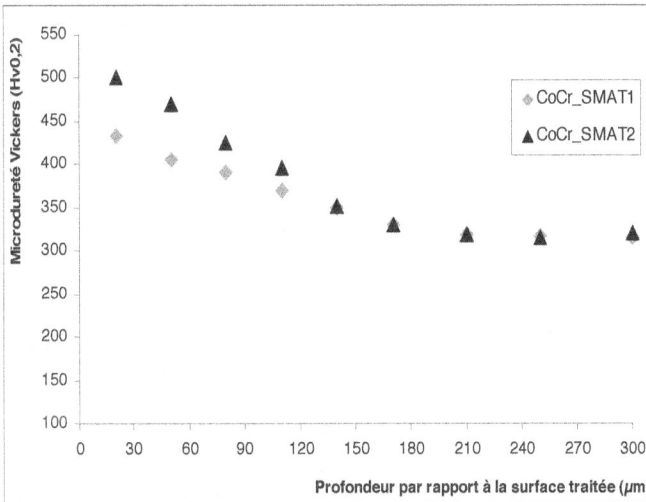

Figure V.3 : *Microduretés des échantillons de l'alliage cobalt chrome en fonction de la profondeur par rapport à la surface traitée.*

Pour l'alliage cobalt chrome, un comportement similaire à celui des autres biomatériaux est observable mais les accroissements sont plus importants et la dureté augmente d'une manière significative. En effet, la valeur de la dureté au cœur de l'échantillon (à environ 180 μm de la surface traitée) est 300 Hv. Elle atteint une valeur maximale proche de 500 Hv pour l'échantillon SMAT2. La valeur étant 433 Hv pour l'échantillon traité suivant la condition 1. Les conditions relativement sévères utilisées pour traiter l'échantillon SMAT2 peuvent expliquer la différence entre les valeurs de la dureté des deux échantillons traités.

V.2.2 Effet de la charge appliquée sur la valeur de la dureté :

Afin de compléter cette étude, des mesures de dureté Vickers ont été également faites pour différentes charges (200, 500 et 1000 g).

La figure V.4 présente les profils de la variation de la dureté en fonction de la charge appliquée pour l'alliage de titane Ti6Al4V avant et après SMAT. Les résultats montrent que la dureté diminue avec la charge de l'indentation. Par exemple, pour l'échantillon brut à une charge de 500g, la dureté est de 237 Hv. Cette valeur passe à 220 Hv pour une charge de 1Kg.

Ceci peut être expliqué par l'effet de la taille de l'indentation "indentation size effect" (ISE) [Iost, 1997]. En outre, la différence de comportement de l'échantillon non traité et de celui traité est probablement due à la différence de contrainte résiduelle à la surface [Kawata, 2001].

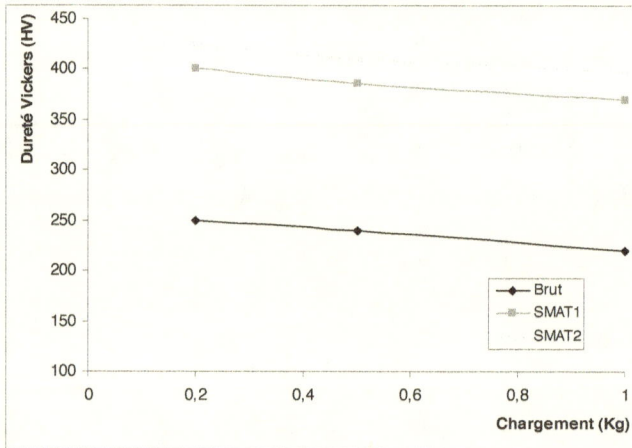

Figure V.4 *: Variation de la dureté de l'alliage Ti6Al4V en fonction de la charge appliquée.*

Les figures V.5 et V.6 présentent les profiles de la variation de la dureté en fonction de la charge appliquée respectivement pour l'acier inoxydable 316L et l'alliage cobalt chrome avant et après SMAT. Les résultats montrent un comportement similaire que celui observé dans le cas de l'alliage de titane Ti6Al4V ; donc une légère diminution de la dureté quand la charge augmente.

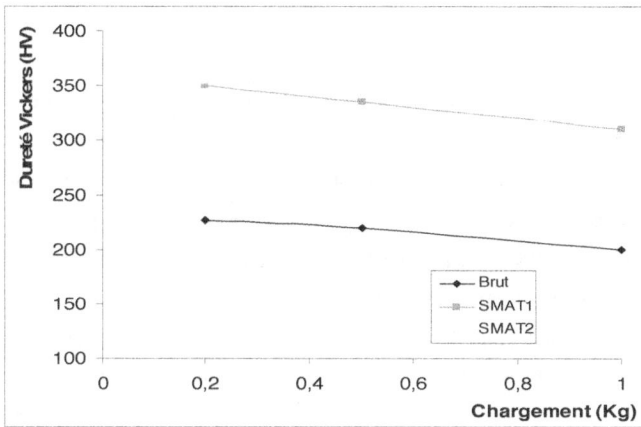

Figure V.5 : *Variation de la dureté de l'acier inoxydable 316L en fonction de la charge appliquée.*

Par exemple, pour l'acier inoxydable, la dureté est de 227 Hv pour une charge de 200g. Avec une charge de 500g, cette valeur passe à 218 Hv et puis diminue à 200 Hv pour une charge égale à 1 Kg.

La formation de phase martensite pendant le SMAT ou d'autres traitements de surface mécaniques est aussi révélée pour contribuer à l'amélioration de la dureté superficielle des aciers [Multinger, 2009] [Mordyuk, 2007].

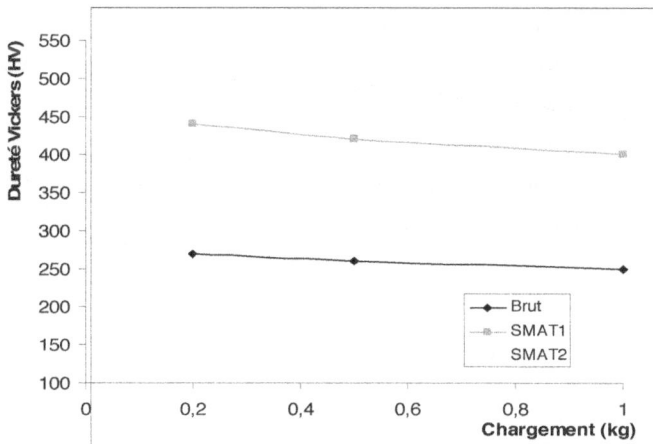

Figure V.6 : *Variation de la dureté de l'alliage cobalt chrome en fonction de la charge appliquée.*

V.3 Nanodureté des biomatériaux après SMAT :

A priori, au sortir d'un traitement de nanocristallisation superficielle le matériau peut être considéré comme composé de différentes couches. Comme vu à la première partie du troisième chapitre (III.1), en extrême surface de l'échantillon, une couche nanostructurée d'épaisseur variable suivant le matériau est présente. Ensuite, en sous-couche, nous avons pu observer une couche de transition au cours de laquelle les tailles de grains augmentent progressivement au fur et à mesure que l'on se rapproche de la surface et qui comporte de nombreux signes de déformation plastique (macles, dislocations).

L'effet du SMAT peut être simplement observé sur la distribution de nanodureté sur la section transversale des échantillons. Ainsi, chaque échantillon a été coupé latéralement après le traitement pour exposer sa zone transversale sur laquelle les mesures vont être effectuées. Quelques prétraitements ont été exécutés, y compris le montage de l'échantillon et le polissage de la surface.

Les échantillons ont subi le protocole de polissage suivant ; les échantillons sont polis miroir suivant la séquence de polissage : papier SiC grade 320, 600, 800, 1200, 4000 et puis à la pâte diamant 9 μm, 3 μm et 1 μm.

Des mesures de dureté locales précises menées sur une coupe transversale d'un échantillon après le traitement SMAT devraient donc nous permettre de suivre l'évolution de ces différentes couches. Ces mesures ont été réalisées sur la section transverse des échantillons de Ti6Al4V, des échantillons d'acier inoxydable 316L et d'alliage cobalt chrome à l'aide d'un Nano Indenter XPTM monté avec un indenteur diamant de type Berkovich.

La charge maximale utilisée est de 25 mN et la distance entre deux mesures consécutives (deux indentations consécutives) est d'environ 30 μm. Cinq mesures ont été effectuées et puis moyennées pour chaque profondeur.

La figure V.7 représente la variation de la nanodureté de l'alliage de titane Ti6Al4V lorsque la profondeur à partir de la surface traitée augmente.

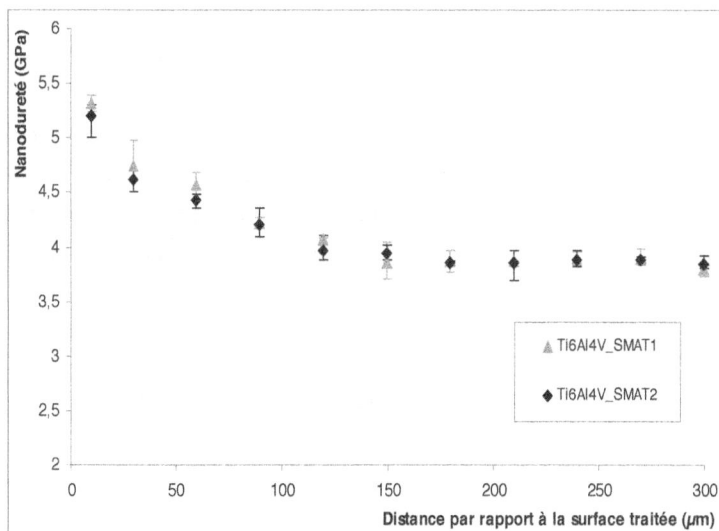

Figure V.7 : *Evolution de la nanodureté avec la profondeur pour les deux échantillons de Ti6Al4V traités par SMAT (coupe transversale).*

Sur la figure V.7, les mesures réalisées indiquent une augmentation significative de la dureté lorsqu'on se rapproche de la couche superficielle nanostructurée. A 10 μm de l'extrême surface, cette dureté est de 5,3 GPa pour l'échantillon traité suivant la condition 1 et 5,2 GPa pour celui traité suivant la condition 2. Les deux allures des deux courbes SMAT1 et SMAT2 sont presque similaires.

Ensuite, la dureté diminue progressivement au cours d'une phase transitoire pour finalement retrouver la valeur du matériau de base « loin » de la surface. Cette valeur est d'environ 3,8 GPa pour les deux échantillons. L'affinement de la microstructure de l'alliage de titane Ti6Al4V jusqu'à la formation d'une couche de nanograins par le procédé SMAT se traduit donc par une augmentation importante de la dureté en surface de l'échantillon en accord avec la relation de Hall-Petch et des phénomènes d'écrouissage nécessaires à la formation des grains de taille nanométrique.

La figure V.8 représente la variation de la dureté de l'acier inoxydable 316L de la surface traitée jusqu'au cœur de l'échantillon. La couche affectée par le SMAT pour les deux échantillons est environ 180 μm, la dureté atteint un maximum d'environ 4,8 GPa pour l'échantillon SMAT1 et 4,6 pour celui traité suivant la condition 2.

Ensuite, la dureté diminue progressivement pour atteindre environ 3,5 GPa à une profondeur de 170 μm et enfin la dureté tend vers une valeur constante d'environ 3,2 GPa pour les deux échantillons.

Ces résultats sont en bon accord avec les études précédentes [Roland, 2007], y compris la constatation que la microdureté prés de l'extrême surface est environ 5 GPa. L'augmentation de la dureté sur la couche superficielle de l'acier inoxydable 316L par le SMAT est attribuée à la présence des contraintes résiduelles, la formation de la martensite et la phase nanocristalline sur la couche superficielle [Lu, 2004].

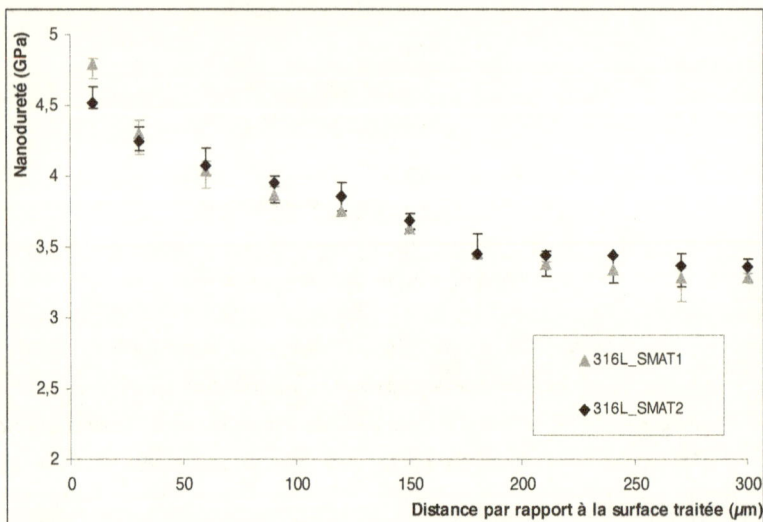

Figure V.8 : *Evolution de la dureté avec la profondeur pour les deux échantillons de l'acier inoxydable traité par SMAT (coupe transversale).*

La figure V.9 représente la variation de la dureté de l'alliage cobalt chrome de la surface traitée jusqu'au cœur de l'échantillon.

D'après les courbes de la figure V.9, la couche affectée par le SMAT pour les deux échantillons est environ 180 μm. La dureté atteint un maximum d'environ 7,3 GPa pour l'échantillon SMAT1 et 7,9 GPa pour l'échantillon SMAT2. Ensuite, la dureté diminue progressivement quand on s'éloigne de la couche superficielle. Enfin, elle tend vers une valeur constante d'environ 5,7 GPa pour les deux échantillons de l'alliage cobalt chrome.

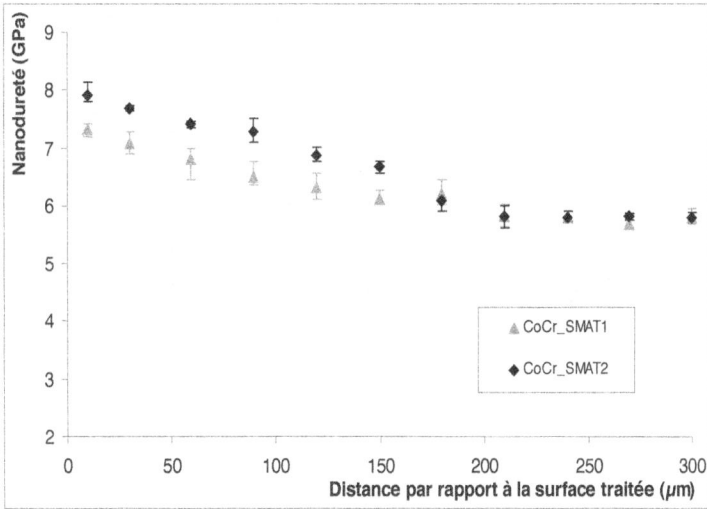

Figure V.9 : *Evolution de la dureté avec la profondeur pour les deux échantillons de l'alliage cobalt chrome traité par SMAT (coupe transversale).*

Ces résultats indiquent que la dureté près de la surface traitée a été considérablement augmentée par le processus SMAT, d'environ 38 % pour l'échantillon SMAT2. Cette augmentation de la dureté du cœur de l'échantillon à la surface traitée semble suivre l'affinage du grain.

V.4 Rugosité des biomatériaux après un traitement SMAT :

La rugosité permet d'avoir une idée sur l'apport du traitement SMAT à la surface car elle reflète de la quantité d'énergie emmagasinée par le matériau traité.

Nous venons de voir que le traitement de nanocristallisation superficielle SMAT s'apparente à un système de grenaillage ultrasonore (chapitre II). Il était donc intéressant de caractériser les surfaces traitées en termes de rugosité. Un état de surface trop rugueux pourrait réduire les performances du matériau sous certaines sollicitations comme la résistance à l'usure ou la fatigue.

L'augmentation du temps de traitement permet d'homogénéiser la surface qui tend vers une rugosité limite. Cette rugosité limite, qui est fonction des conditions de grenaillage et du matériau étudié, traduit l'écrouissage du matériau.

Au fur et à mesure des impacts, le matériau est écroui et il devient de plus en plus dur. Si l'énergie de grenaillage reste identique au cours du traitement, un équilibre est atteint et le matériau ne pourra plus être déformé plastiquement (il devient trop dur) et la rugosité n'évoluera plus [Sakasi, 1988].

Les mesures de rugosité ont été effectuées à l'aide d'un rugosimètre Surtronic 3+ (2D) de Taylor-Hobson (longueur de palpage = 4,2 mm, longueur de cut-off = 0,8 mm, rayon de la pointe = 5 μm). Pour chaque échantillon, cinq mesures ont été réalisées puis moyennées. Les résultats ont été comparés à ceux des échantillons bruts d'usinage.

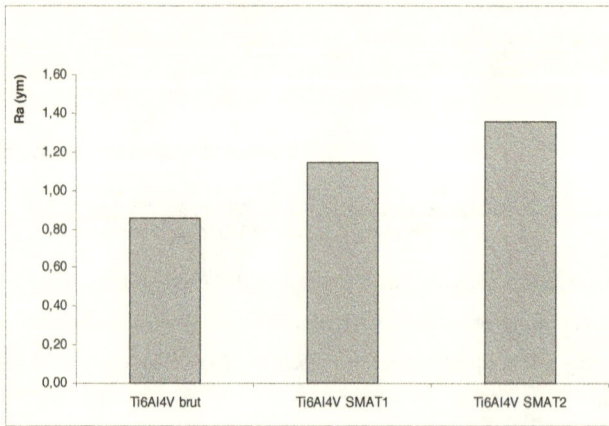

Figure V.10 : *Rugosité des échantillons de Ti6Al4V avant et après SMAT.*

Pour l'alliage de titane Ti6Al4V, l'effet du SMAT tend à créer des ondulations et par conséquent à augmenter la rugosité des échantillons. On remarque que les paramètres de SMAT2 qui sont plus sévères que la condition SMAT1 en termes de durée (5 mn de plus) et en termes de diamètre de billes en acier 100Cr6 (diamètre 3mm) ont tendance à augmenter la rugosité de l'échantillon ; 1,3 μm pour l'échantillon SMAT2 et 0,85 μm pour l'échantillon brut.

La figure V.11 présente les valeurs de rugosité des échantillons de l'alliage Ti6Al4V après un traitement duplex SMAT-nitruration. Nous constatons que les valeurs diminuent par rapport à celles obtenues après le SMAT seul. La nitruration tend à effacer les ondulations et ainsi diminuer les valeurs de rugosité.

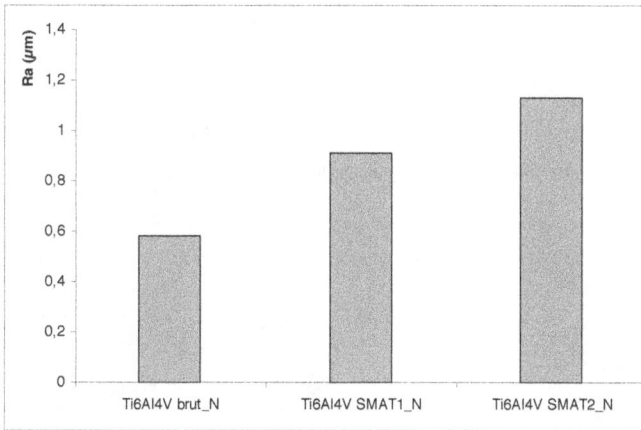

Figure V.11 : Rugosité des échantillons de Ti6Al4Vaprés un traitement SMAT-Nitruration.

La figure V.12 présente les valeurs de la rugosité des trois échantillons de l'acier inoxydable 316L avant et après SMAT. Le traitement mécanique tend à augmenter la rugosité. La valeur initiale de la rugosité ne dépasse pas 0,4 μm. Elle atteint 1,1 μm pour l'échantillon SMAT1 et 0,9 μm pour l'échantillon SMAT2.

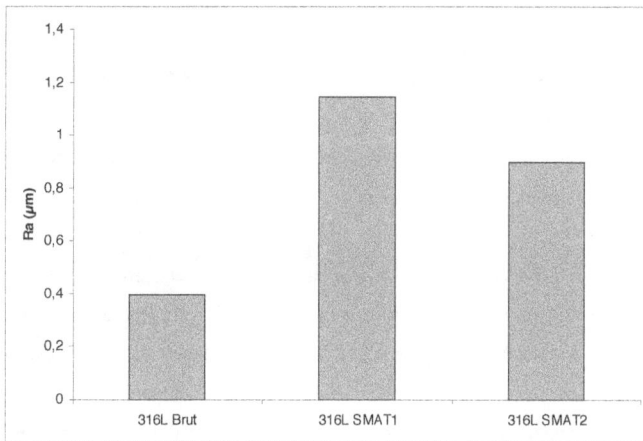

Figure V.12 : Rugosité des échantillons de 316L avant et après SMAT.

La figure V.13 présente la variation de la rugosité de l'alliage cobalt chrome. L'effet du SMAT tend également à augmenter la rugosité des échantillons.

Chapitre V

L'échantillon brut possède une rugosité de 0,45 μm. Puis, sous l'effet des impacts des billes lors du traitement SMAT, la rugosité augmente pour atteindre 0,81 μm pour l'échantillon SMAT1 et 0,9 μm pour l'échantillon SMAT2.

Les paramètres de SMAT2 qui sont plus sévères que la condition SMAT1 en termes de durée (5 mn de plus) ont tendance à augmenter la rugosité des échantillons traités.

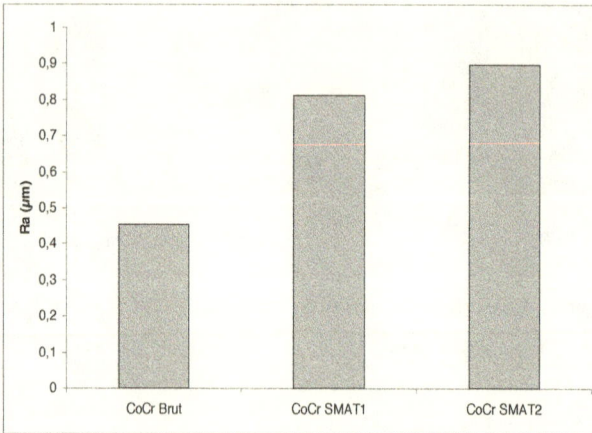

Figure V.13 : Rugosité des échantillons de l'alliage cobalt chrome avant et après SMAT.

V.5 Performance en tribologie des biomatériaux après le SMAT :

V.5.1 Introduction :

La rupture des pièces mécaniques est fortement influencée par la structure et les propriétés du matériau. Dans beaucoup de cas, ces ruptures commencent en surface telles que sous l'effet de l'usure ou de la corrosion. Ainsi, les modifications de surface qui permettent d'améliorer considérablement les propriétés surfaciques peuvent effectivement participer à l'amélioration de l'ensemble des propriétés du matériau. Ces dernières années, les matériaux nanostructurés ont fait l'objet de nombreux intérêts scientifiques du fait de leur importante dureté et de leurs propriétés physiques supérieures. Il a été en particulier démontré que la couche nanocristalline superficielle d'un acier à faible taux de carbone présentait une résistance à l'usure grandement améliorée et de meilleures propriétés de frottement [Wang, 2001].

Plusieurs travaux expérimentaux sur les matériaux nanostructurés pendant les dernières décennies ont montré que cette nouvelle gamme de matériaux possède de nouvelles propriétés et des performances qui diffèrent fondamentalement de leurs homologues conventionnels à

Chapitre V

gros grain, comme la dureté et la résistance élevées [Gleiter, 1988], des propriétés physiques
améliorées [Lu, 1996], des propriétés tribologiques améliorées [Morris, 1998], etc. En effet, la
modification de la surface par la génération d'une couche superficielle nanostructurée conduit à
une amélioration significative des propriétés globales et du comportement des matériaux.

V.5.2 Les dispositifs utilisés pour les « screening » tests d'usure de la prothèse de hanche :
La résistance à l'usure des surfaces n'est pas une propriété intrinsèque du matériau, mais
elle dépend des variables du système comme les conditions de fonctionnement, le type de
contact, l'environnement, etc [Ravikian, 2000]. Idéalement, chaque nouveau matériau
orthopédique devrait être caractérisé pour évaluer ses propriétés d'usure dans un dispositif
destiné à simuler les conditions tribologiques rencontrées dans la prothèse de hanche. Pour
caractériser ces matériaux spécifiques, une large variété des machines a été développée.

Dans les années 1960, la société américaine de la lubrification a répertorié plus de 200
types de tests d'usure et d'équipement [Katz, 2006]. Plus récemment, l'utilisation des machines
d'usure multi-axiales a été mise en œuvre pour donner une meilleure simulation du type de
mouvement trouvé in vivo et avoir des valeurs précises de l'usure des biomatériaux [Wang,
1996] [Bragdon, 1996].

Généralement, deux catégories d'équipements pour les tests d'usure au laboratoire sont
utilisées :

- Les dispositifs des « screening » tests d'usure (des tests rapides) qui fournissent des
informations sur les caractéristiques intrinsèques des matériaux étudiés sont présentés sur la
figure V. 14. Ces tests sont rapides ; ils ne représentent pas précisément la géométrie des
spécimens des biomatériaux utilisés ce qui peut influencer la lubrification ou la contrainte de
contact, reproduisant ainsi approximativement les mêmes mécanismes d'usure qui se produisent
entre un couple de matériaux in vivo, mais avec l'utilisation des spécimens simplifiés plutôt
que des réelles prothèses de hanche. Ils sont insuffisants pour prédire le taux d'usure dans les
articulations implantés puisqu'ils ont des aspects morphologiques différents [Dowson, 2001]
[Astmf, 2006].

- Les dispositifs d'usure des articulations utilisant des prothèses de hanche réelles qui
sont évaluées dans un environnement simulant les conditions physiologiques. Ces machines
sont appelées des simulateurs de l'usure des prothèses de hanche ; ils présentent les mêmes
conditions complexes que celles de l'environnement de la hanche in vivo. Les simulateurs de la
prothèse de hanche prévoient quelques aspects de la performance clinique des matériaux testés
in vivo [Saikko, 2005] [Affatato, 2007].

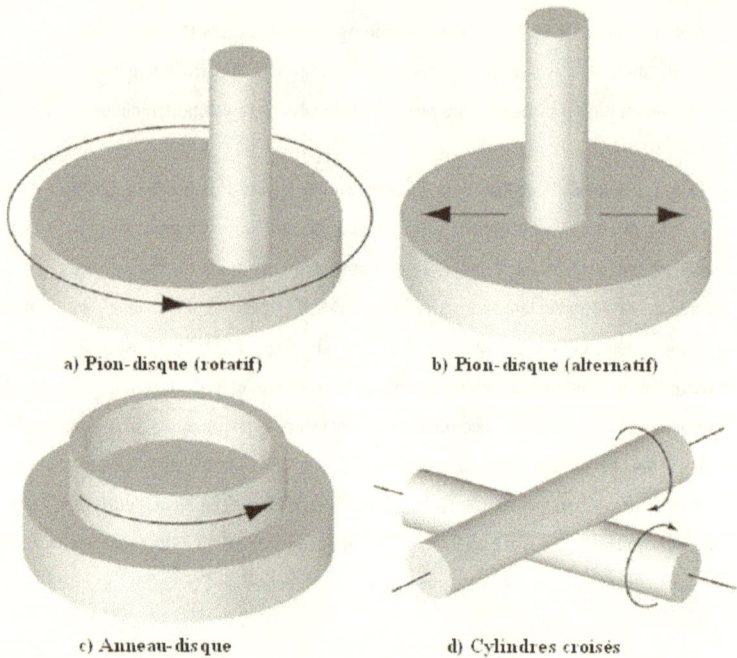

a) Pion-disque (rotatif)   b) Pion-disque (alternatif)

c) Anneau-disque   d) Cylindres croisés

Figure V.14 : Exemples des dispositifs les plus utilisés pour des tests « screening » d'usure.

Dans notre étude tribologique, nous allons utiliser les dispositifs des « screening » tests d'usure avec un contact bille-disque. Nous nous intéresserons à l'effet du traitement de nanostructuration SMAT sur les propriétés tribologiques de l'alliage de titane Ti6Al4V, l'acier inoxydable 316L et l'alliage cobalt chrome.

V.5.3 Procédures expérimentales :

Les biomatériaux utilisés pour notre étude sont l'alliage de titane Ti6Al4V, l'acier inoxydable 316L et l'alliage cobalt chrome.

Des échantillons sous forme de disques cylindriques de 3 mm d'épaisseur ont été découpés à partir d'une barre cylindrique de 10 mm de diamètre. L'utilisation d'une barre de tel diamètre nous a permis d'obtenir directement les dimensions nécessaires et appropriées pour conduire les expériences en tribologie.

Les essais de tribologie et d'usure ont été menés dans une solution de Ringer à 37°C à l'aide d'un tribomètre de type « ball-on-disc » CSEM (HFR2). Une bille en zircone de 6mm de diamètre a été utilisée comme point de contact (Voir annexe). Lors des expériences, la bille de zircone (très dur) frotte contre l'échantillon. La charge normale appliquée est de 5 N. La durée de l'essai est 1 heure et la fréquence était de 1 Hz.

Le coefficient de frottement entre l'échantillon et la bille a été continuellement calculé et enregistré à l'aide d'un ordinateur et d'un système d'acquisition de données. Le coefficient de frottement μ a été calculé à l'aide de la relation suivante :

$$\mu = \frac{T}{N}$$

Où T est la force de frottement (force tangentielle) enregistrée au cours de l'expérience, N la force normale appliquée à l'aide d'un poids posé sur le dispositif.

V.5.4 Evolution des coefficients de frottement :

Les propriétés tribologiques des biomatériaux ont été évaluées à l'aide des mesures de coefficient de frottement d'un contact bille en zircone-plaque en métal en mouvement alternatif.

L'évolution du coefficient de frottement de l'alliage de titane Ti6Al4V avant et après SMAT en fonction du temps est présentée sur la figure V.15. La figure montre ainsi, l'évolution des coefficients de frottement pour les trois échantillons (Brut, SMAT1 et SMAT2) sur une durée d'une heure.

- Sans le traitement SMAT, le coefficient de frottement de l'échantillon brut augmente en phase de rodage puis diminue et se stabilise autour de 0,66.

- Pour l'échantillon SMAT1, le coefficient de frottement augmente fortement pendant les premières minutes de l'essai puis diminue progressivement et se stabilise autour de 0,58.

- L'évolution du coefficient de frottement de l'échantillon SMAT2 est quasi identique à celle observée pour l'échantillon SMAT1, le coefficient de frottement étant néanmoins légèrement inférieur ; il se stabilise autour de 0,54.

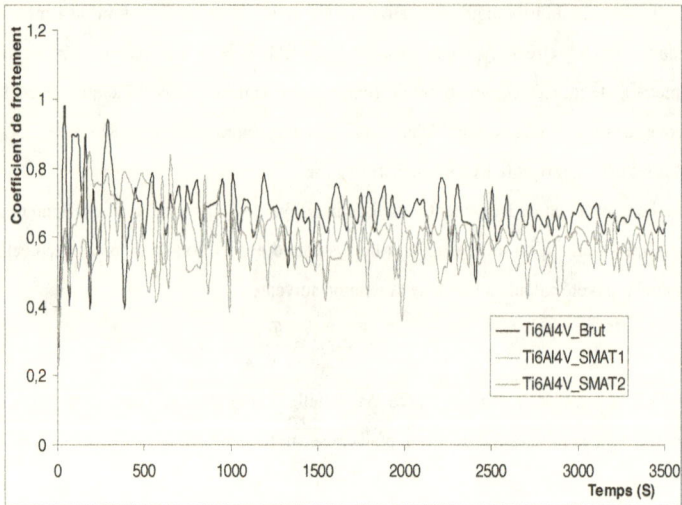

Figure V.15 : *Evolution du coefficient de frottement de l'alliage de titane Ti6Al4V.*

La figure V.16 montre les valeurs moyennes des coefficients de frottement de l'alliage de titane Ti6Al4V avant et après le traitement SMAT.

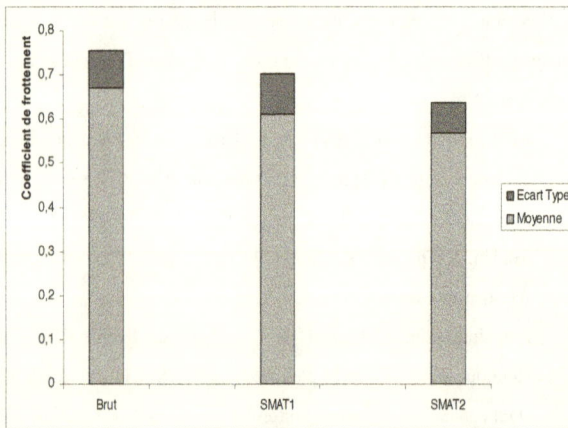

Figure V.16 : *Comparaison des coefficients de frottement moyens pour l'alliage Ti6Al4V avant et après SMAT.*

Pour l'échantillon brut, le coefficient de frottement est 0,67. Cette valeur diminue et atteint 0,6 pour l'échantillon traité suivant la condition 1. La valeur minimale du coefficient de frottement est notée pour l'échantillon SMAT2 qui vaut 0,57.

Ce changement observé dans l'évolution du coefficient de frottement indique une variation dans le mécanisme d'usure du matériau lors de l'essai probablement du à la dureté élevée des échantillons traités.

L'amélioration des propriétés de frottement de l'alliage de titane après SMAT peut être attribuée à la couche superficielle composée des nanograins et à une variation de gradient dans la microstructure de la surface superficielle jusqu'au cœur de l'échantillon [Lu, 2004].

Les essais de frottement des échantillons de l'acier inoxydable 316L montrent des variations du coefficient de frottement au cours de l'essai (Figure V. 17).

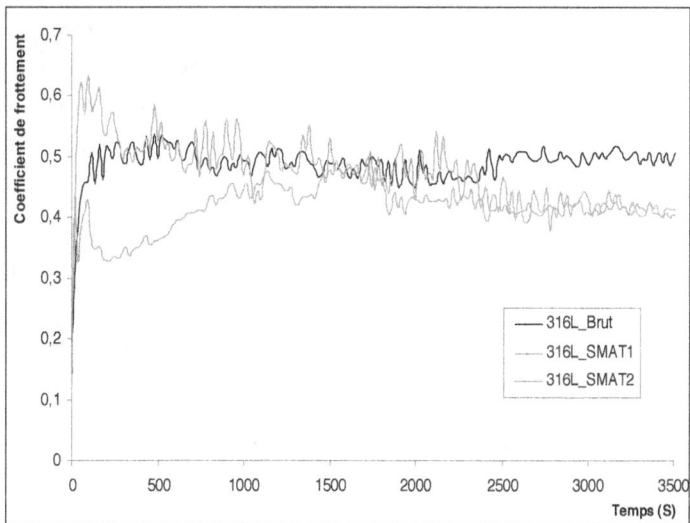

Figure V.17 : *Evolution des coefficients de frottement de l'acier inoxydable 316L avant et après SMAT.*

Pour les deux échantillons traités par SMAT, la phase d'accommodation des surfaces se produit lors des premières minutes et consiste en une rapide augmentation du coefficient de frottement. Puis, le coefficient de frottement de l'échantillon SMAT1 diminue légèrement et celui de SMAT2 augmente pour atteindre une valeur proche de 0,5. Après cette phase d'adaptation des surfaces, le coefficient de frottement des deux échantillons traités diminue progressivement jusqu'à se stabiliser, après une demi-heure de l'essai autour d'une valeur de 0,4.

Le comportement en frottement de l'échantillon brut se diffère de celui des échantillons traités. En effet, le coefficient de frottement augmente rapidement à une valeur de 0,52. Au bout de 10 minutes, il diminue légèrement jusqu'à garder une valeur autour de 0,5.

La figure V.18 présente les valeurs moyennes des coefficients de frottement de l'acier inoxydable 316L avant et après le traitement SMAT.

Associées aux nombreux impacts causés par le traitement SMAT, de fortes contraintes résiduelles de compression sont formées, ainsi qu'une forte dureté obtenue par le mécanisme de réduction de la taille des grains et d'une transformation martensitique [Roland, 2006].

Ainsi, après le procédé SMAT, la pénétration de n'importe quel indent devrait être réduite et une résistance contre les micro-coupures devrait être obtenue, provoquant un accroissement de la résistance à l'usure et une diminution du coefficient de frottement.

En effet, le coefficient de frottement diminue après le SMAT et atteint 0,43 pour l'échantillon SMAT2 au lieu de 0,5 pour l'échantillon brut (sans traitement).

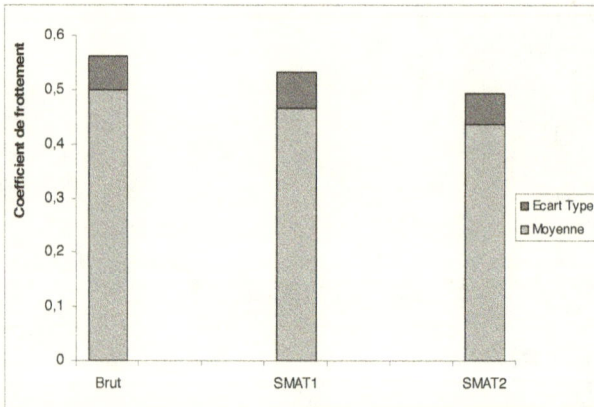

Figure V.18 : *Comparaison des coefficients de frottement moyens pour l'acier inoxydable 316L.*

La figure V.19 montre les évolutions des coefficients de frottement des échantillons de l'alliage cobalt chrome. Les courbes montrent une évolution du coefficient de frottement et une résistance à l'usure des échantillons traités par SMAT différentes de celles de l'échantillon brut. En effet, le coefficient de frottement augmente pour les trois échantillons au cours des premières minutes des essais. Puis, il se stabilise autour de 0,5 pour l'échantillon brut, par contre celui des échantillons SMATés diminuent pour atteindre une valeur autour de 0,42 pour l'échantillon SMAT1 et 0,28 pour l'échantillon traité suivant la condition 2.

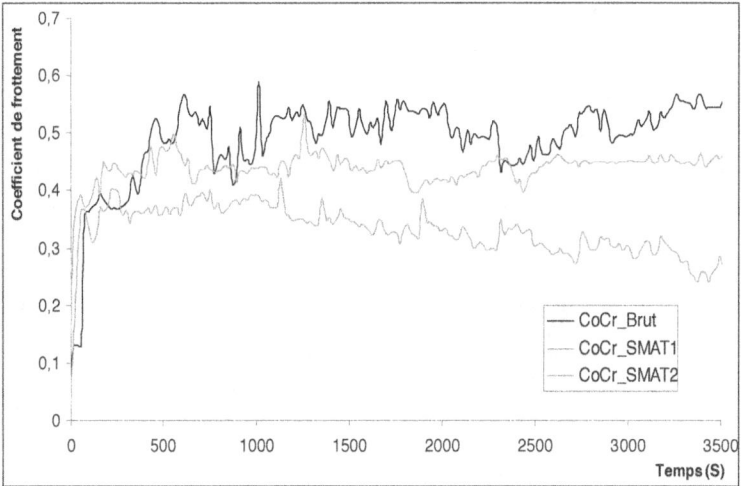

Figure V.19 : *Evolution des coefficients de frottement de l'alliage cobalt chrome avant et après SMAT.*

La variation des coefficients de frottement de l'alliage cobalt chrome avant et après le traitement SMAT est représentée sur la figure V.20.

Le coefficient de frottement pour l'échantillon brut est 0,49. Il diminue pour l'échantillon SMAT1 et atteint une valeur de 0,44. Pour échantillon traité suivant la condition 2, la valeur moyenne du coefficient de frottement diminue fortement et atteint 0,33.

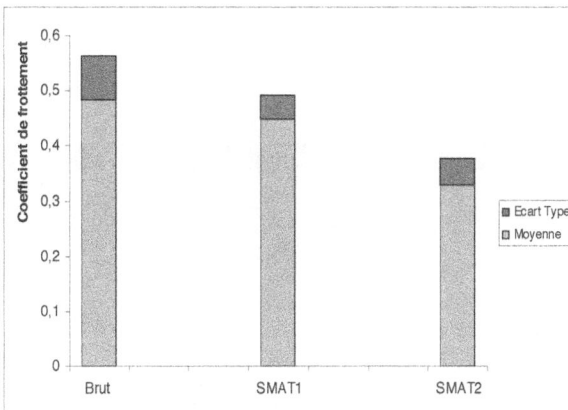

Figure V.20 : *Comparaison des coefficients de frottement moyens pour l'alliage cobalt chrome avant et après SMAT.*

V.5.5 Perte de masse :

Sur la figure V.21, la variation de la perte de masse des échantillons Ti6Al4V traités par SMAT est comparée à celle d'un échantillon brut (non traité). Pour les deux échantillons (SMAT1 et SMAT2), la perte de masse diminue après le traitement SMAT. La différence est estimée à 0,05 mg par rapport à l'échantillon brut. Ceci indique que la résistance à l'usure de l'alliage de titane nanostucturé a été accrue.

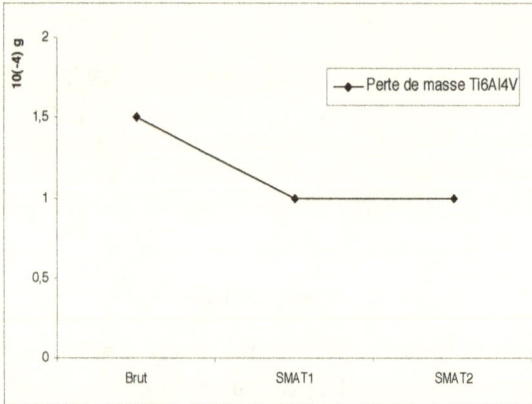

Figure V.21 : *Variation de la perte de masse de l'alliage de titane Ti6Al4V avant et après SMAT.*

La figure V.22, présente la variation de la perte de masse des échantillons de l'acier inoxydable avant et après le traitement SMAT.

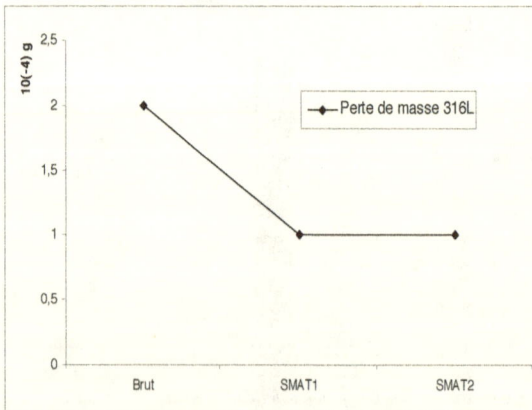

Figure V.22 : *Variation de la perte de masse de l'acier inoxydable 316L avant et après SMAT.*

Chapitre V

La figure V.22 apporte un éclairage particulier sur les mécanismes d'usure et permet de montrer la diminution de la perte de masse après le test de fretting des échantillons traités par SMAT. Partant d'une dureté presque similaire des échantillons SMATés, la diminution de la perte de masse peut être causée par la nanostructure formée à la surface des échantillons 316L traités et qui présente une dureté très élevée par rapport à l'échantillon brut.

La figure V.23, présente la variation de la perte de masse des échantillons de l'alliage cobalt chrome avant et après SMAT.

La perte de masse de l'échantillon brut après le test de frottement est de 0,1 mg, cette valeur reste inchangeable pour l'échantillon traité suivant la condition 1. Pour l'échantillon SMAT2, la perte de masse de diminue et atteint 0,05 mg.

Cette diminution de la perte de masse de l'échantillon SMAT2 peut être due à la dureté élevée de cet échantillon après traitement SMAT ; en effet sa dureté atteint environ 500 Hv prés l'extrême surface.

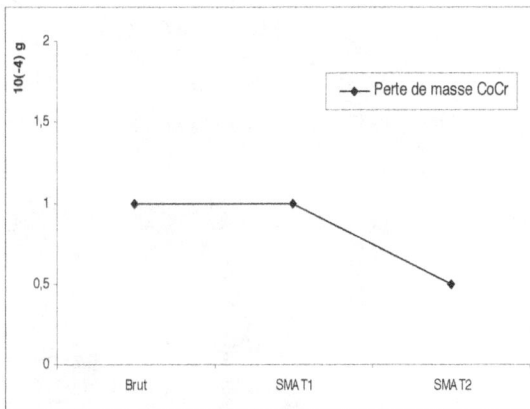

Figure V.23 : *Variation de la perte de masse de l'alliage cobalt chrome avant et après SMAT.*

V.5.6 Observations microscopiques des pistes d'usure de l'acier inoxydable et de l'alliage cobalt chrome :

La figure V.24 représente quatre images du 316L, dégradé par fretting contre de la zircone, obtenues par observation avec le MEB.

Avant d'effectuer les observations microscopiques, les différents échantillons ont été rincés avec l'eau distillée. Bien que la grande majorité des particules des débris libérés a été évacuée lors du rinçage, quelques particules plus petites ont été trouvées toujours adhérentes à la surface des échantillons de l'acier inoxydable 316L.

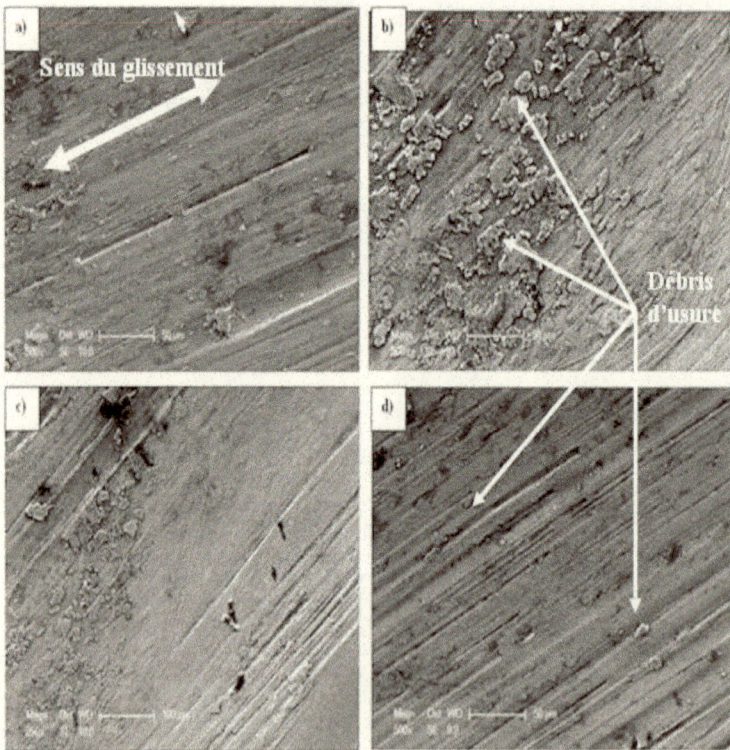

Figure V.24 : *Pistes d'usure de l'acier inoxydable ; a), b) échantillon Brut, c) échantillon SMAT1, d) échantillon SMAT2.*

Nous constatons que l'acier 316L présente des rainures parallèles en bordure de contact. L'usure semble bien engendrée par le fretting, mais l'acier inoxydable n'est pas usé uniformément. Nous remarquons également que les rayures sont dans le sens du frottement. L'image a) montre que ces rainures peuvent être interrompues par un défaut de surface.

Les débris d'usure présents à la surface de l'acier inoxydable semblent être de la même taille pour les trois échantillons. Néanmoins, la quantité des débris diminue après le traitement SMAT, comme il a été prouvé par les mesures de perte de masse.

La figure V.25 présente des images MEB des traces d'usure après le test de fretting de l'alliage chrome cobalt dans une solution de Ringer.

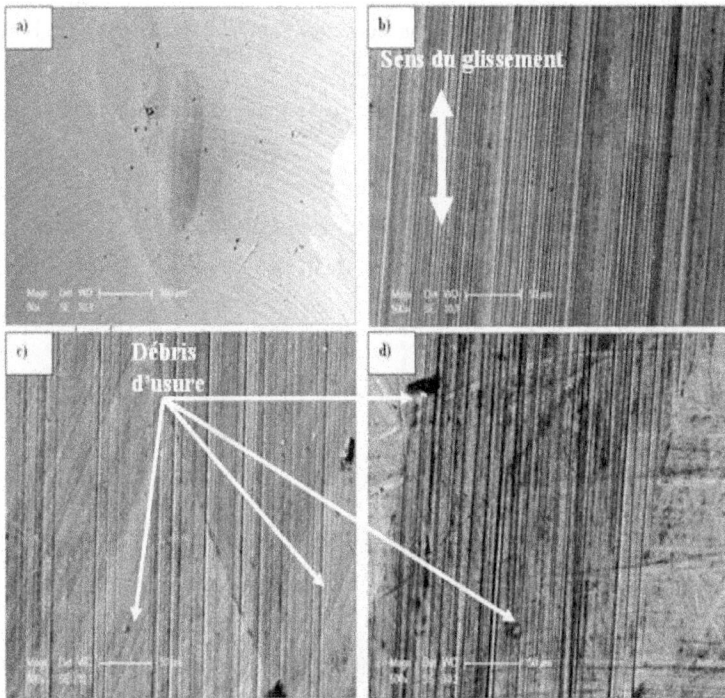

Figure V.25 : *Pistes d'usure de l'alliage cobalt chrome ; a) trace d'usure, b) échantillon Brut, c) échantillon SMAT1, d) échantillon SMAT2.*

Les rainures sont dues au frottement de la bille de zircone sur la surface de l'échantillon pendant le test de frottement. Les débris à la surface de l'alliage CoCr dans ce cas ne sont pas clairement identifiables. Les rainures sont parallèles au sens de frottement.

Chapitre V

V.6 : Etude tribologique du Ti6Al4V après un traitement SMAT-Nitruration :

Dans cette partie, nous nous intéresserons à l'alliage de titane Ti6Al4V. Un traitement SMAT suivi d'un traitement de nitruration a été appliqué sur la surface des échantillons. L'objectif de cette étude est de voir l'influence du SMAT sur le comportement tribologique du Ti6Al4V avec un nouveau dispositif et ainsi confirmer les résultats déjà obtenus dans la partie précédente. En outre, l'influence du traitement duplex SMAT-Nitruration sera également étudiée.

Les essais ont été effectués sur un tribomètre CSM (voir paragraphe II.7.2 du deuxième chapitre). Nous avons utilisé un contact bille-disque.

Deux gammes d'essais ont été effectuées ; une première série avec une bille en zircone en mouvement rotatif et une deuxième série avec une bille en alumine en mouvement alternatif.

V.6.1 : Contact bille en zircone-Ti6Al4V (mouvement rotatif) :

Les essais ont été effectués à 37° C, à une fréquence constante de 1 Hz sur une durée d'une heure. La distance totale parcourue est d'environ 100 mètres. La charge normale appliquée est de 5 N.

Les essais ont été menés avec un pion en zircone sur des substrats en alliage de titane Ti6Al4V grenaillés et/ou nitrurés.

V.6.1.1 Suivi des coefficients de frottement :

L'évolution des coefficients de frottement de l'alliage de titane Ti6Al4V avant et après SMAT en fonction du temps est présentée sur la figure V.26.

-   Sans le traitement SMAT, le coefficient de frottement de l'échantillon brut augmente et atteint des valeurs proches de 0,6 pendant les premières minutes puis diminue et se stabilise autour de 0,53.
-   Le coefficient de frottement de l'échantillon SMAT1 augmente également au début de l'essai, mais les valeurs restent inférieures à celles de l'échantillon brut. Il se stabilise autour de 0,5.
-   L'évolution du coefficient de frottement de l'échantillon SMAT2 est quasi identique à celle observée pour l'échantillon SMAT1, le coefficient de frottement étant néanmoins légèrement inférieur ; il se stabilise autour de 0,49.

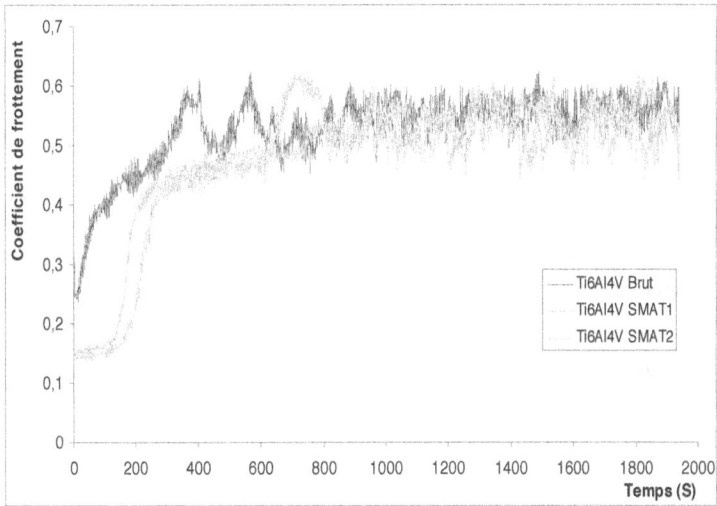

Figure V.26 : *Evolution des coefficients de frottement de l'alliage de titane Ti6Al4V avant et après SMAT.*

L'évolution du coefficient de frottement de l'alliage de titane Ti6Al4V nitruré et/ou SMATé est présentée sur la figure V.26.

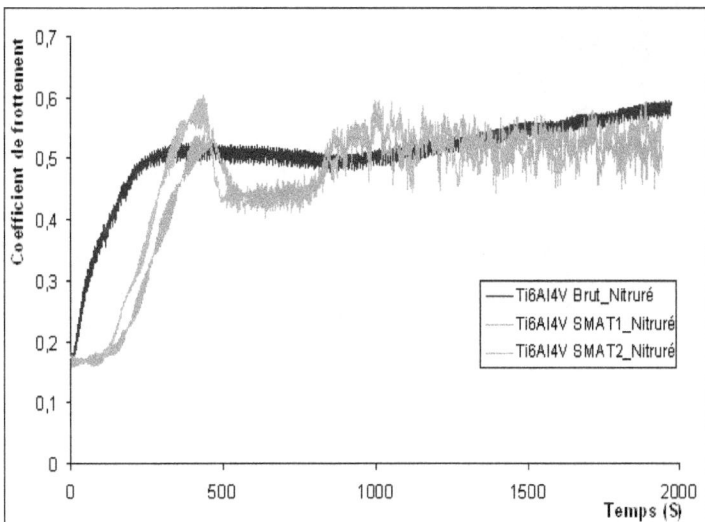

Figure V.27 : *Evolution des coefficients de frottement de l'alliage de titane Ti6Al4V après un traitement SMAT-Nitruration.*

Pour l'échantillon nitruré, le coefficient de frottement augmente fortement au début de l'essai, puis il se stabilise autour de 0,5. Nous remarquons une légère augmentation à la fin de l'essai.

Pour les deux échantillons traités par traitement duplex SMAT-Nitruration, l'évolution de coefficient de frottement est quasi-similaire. En effet, le coefficient de frottement augmente au début de l'essai, puis diminue pour atteindre des valeurs proches de 0,42 ; le comportement dans cette zone est probablement du à la couche nitrurée à la surface des échantillons SMATés et nitrurés. Après dix minutes, le coefficient de frottement augmente légèrement pour se stabiliser autour de 0,49.

La figure V.28 présente les valeurs des coefficients de frottement moyens du contact zircone et l'alliage de titane SMATé et/ou nitruré. L'échantillon brut présente un coefficient de frottement moyen de 0,52. Ce coefficient de frottement se trouve légèrement diminué en présence du traitement SMAT. En effet, pour une charge normale de 5 N, le coefficient de frottement des deux échantillons SMAT1 et SMAT2 est respectivement de 0,46 et 0,47.

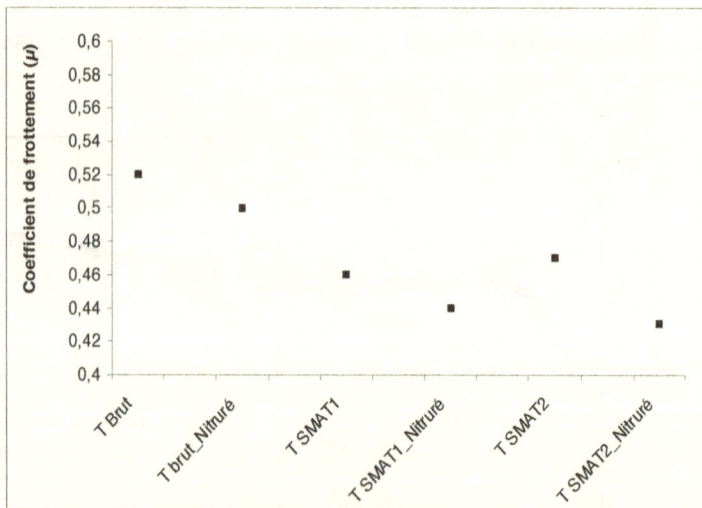

Figure V.28 : *Variation du coefficient de frottement suivant le traitement subi par les échantillons Ti6Al4V (contre une bille en zircone).*

Pour les échantillons SMATés et nitrurés, le coefficient de frottement diminue légèrement par rapport aux échantillons après le traitement SMAT seul. Les valeurs sont 0,44 pour l'échantillon SMAT1 nitruré et 0,43 pour l'échantillon SMAT2 nitruré.

V.6.1.2 Observations des pistes d'usure par MEB :

Des observations au MEB, couplées à des analyses EDX ont été conduites à la surface des six échantillons testés. Tout comme dans une sollicitation à débattements imposés, les observations mettent en évidence la présence systématique d'un film de transfert constitué de débris amalgamés fortement cisaillés. Ces particules sont soit maintenues dans le contact, jouant ainsi le rôle d'accommodation de vitesse, soit éjectées du contact hors de la trace où ils ne participent plus à la vie du contact.

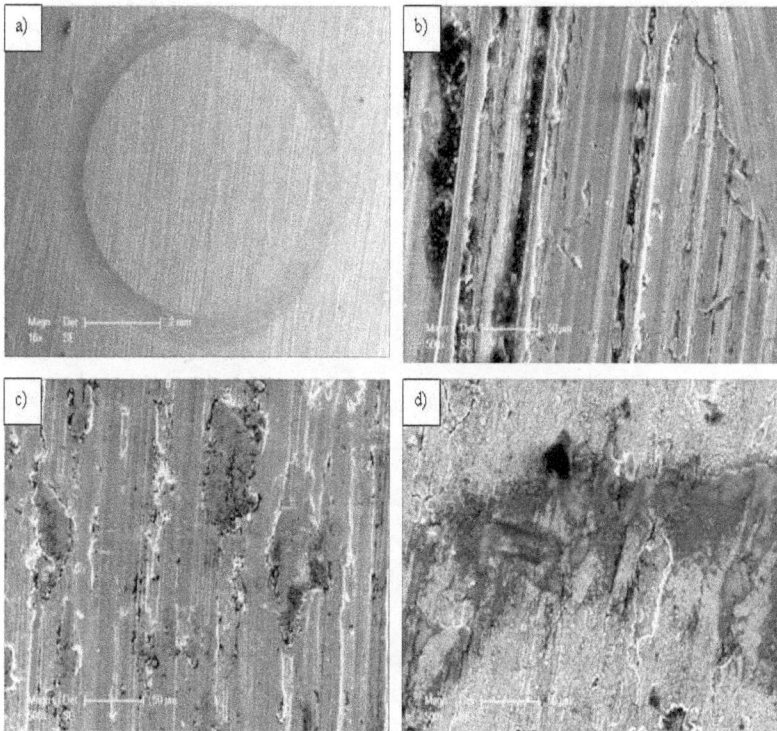

Figure V.29 : *formation des débris d'usure après le test de fretting ;a) trace d'usure, b) échantillon brut, c) échantillon MSAT1, d) échantillon SMAT2.*

Les particules constituant un film cohésif de transfert sont progressivement évacuées vers le bord de la trace durant le frottement (figure V.29.d). Une fois hors du contact, ces amas de particules se craquellent par relaxation des contraintes en formant ainsi des particules d'usure de tailles différentes. Les particules élémentaires ont une taille comprise entre 1 μm et 10 μm (figure V.30).

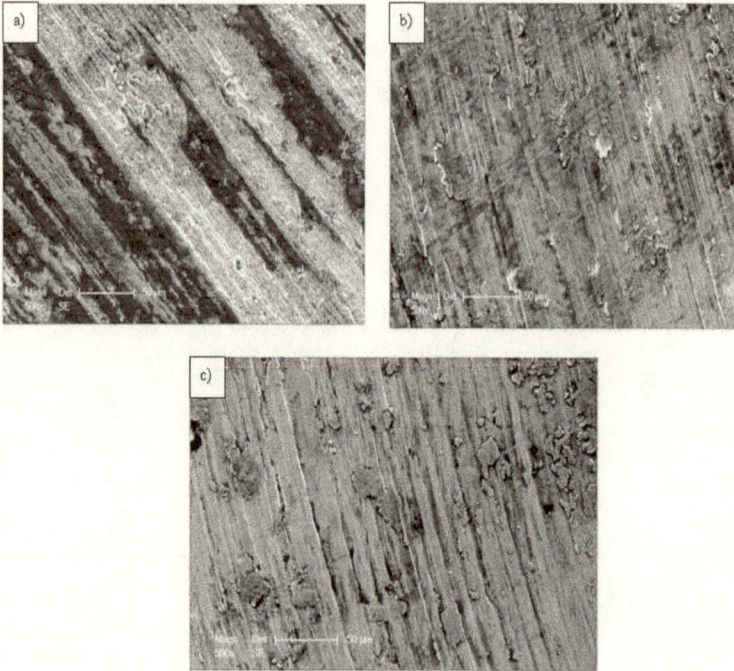

Figure V.30 : pistes d'usure ; a) échantillon nitruré, b) échantillon SMAT1 nitruré, c) échantillon SMAT2 nitruré.

Les spectres obtenus par mesures EDX systématiquement effectués en coupes transversales montrent que la composition chimique du troisième corps détecté sur les échantillons est généralement constituée des éléments du substrat.

La figure V. 31 présente une analyse de débris d'usure éjectés, elle montre que leur composition chimique est constituée majoritairement des éléments du substrat en Ti-6Al-4V et parfois des éléments du pion en zircone. La détection de l'élément fer (Fe) provient des billes (en 100Cr6) lors du traitement SMAT de l'échantillon.

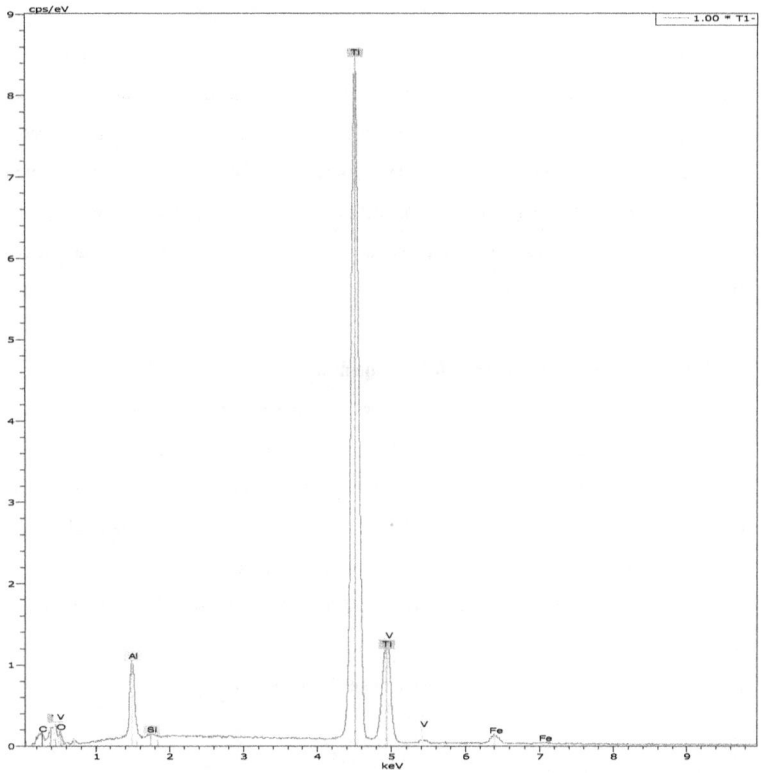

Figure V.31 : *Exemple d'analyse par EDX du troisième corps, cas du Ti6Al4V (SMAT1).*

V.6.2 : Contact bille en alumine-Ti6Al4V (mouvement alternatif) :

Plusieurs travaux montrent que les dommages d'usure causés sur la tête fémorale métallique par des particules PMMA étaient la cause principale de l'augmentation de l'usure de polyéthylène [Dowson, 1985] [Fisher, 1995]. En conséquence, des composants fémoraux en céramique ont été présentés pour fournir la résistance au troisième corps et donc réduire l'usure [Zichner, 1992]. En général, l'utilisation de têtes céramiques particulièrement les têtes en alumine a abouti aux taux d'usure réduits par rapport au polyéthylène de l'ordre de 30-50 % [Dowson, 1995].

V.6.2.1 Variation des coefficients de frottement moyens :

La figure V.32 présente les valeurs des coefficients de frottement moyens du contact alumine contre l'alliage de titane SMATé et/ou nitruré. L'échantillon brut présente un coefficient de frottement moyen de 0,38. Ce coefficient de frottement se trouve fortement diminué en présence du traitement SMAT. En effet, pour une charge normale de 5 N, le coefficient de frottement des deux échantillons SMAT1 et SMAT2 est 0,27. Le traitement duplex SMAT-nitruration ne semble pas affecté les valeurs de coefficients de frottements des deux échantillons SMAtés et nitrurés qui possèdent un coefficient de frottement de 0,26. L'échantillon nitruré quant à lui présente un coefficient de 0,3.

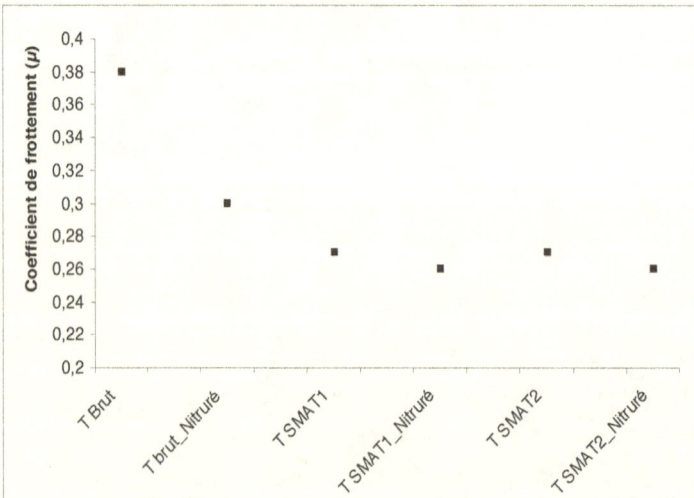

Figure V.32 : *Variation du coefficient de frottement suivant le traitement subi par les échantillons Ti6Al4V (contre une bille en alumine).*

V.6.2.2 Estimation des volumes d'usure :

Il serait intéressant de comparer les volumes d'usure obtenus avant et après le traitement duplex pour estimer l'influence du traitement SMAT-nitruration sur l'usure de l'alliage de titane Ti6Al4V.

L'usure est une conséquence directe du frottement et se produit au niveau de la zone de contact. La résistance à l'usure (taux d'usure) est estimée en calculant le volume de matière perdue du disque.

Après chaque essai de frottement, les différentes caractéristiques permettant de quantifier l'usure du disque (la largeur d, la profondeur maximale P_{max} et l'aire S_{usure} de la section de la piste d'usure) sont déterminées par profilométrie à l'aide du rugosimètre (Hommel Tester T500) (Figure V.33). Avant chaque profilométrie, les échantillons sont nettoyés par ultrasons dans un bain d'éthanol pendant 1 minute et séchés à l'air sec.

Pour chaque échantillon, cinq profils bidimensionnels de la piste d'usure sont enregistrés le long des rayons du disque uniformément répartis. Pour chaque profil, la valeur des trois caractéristiques est obtenue et la moyenne des cinq valeurs est réalisée.

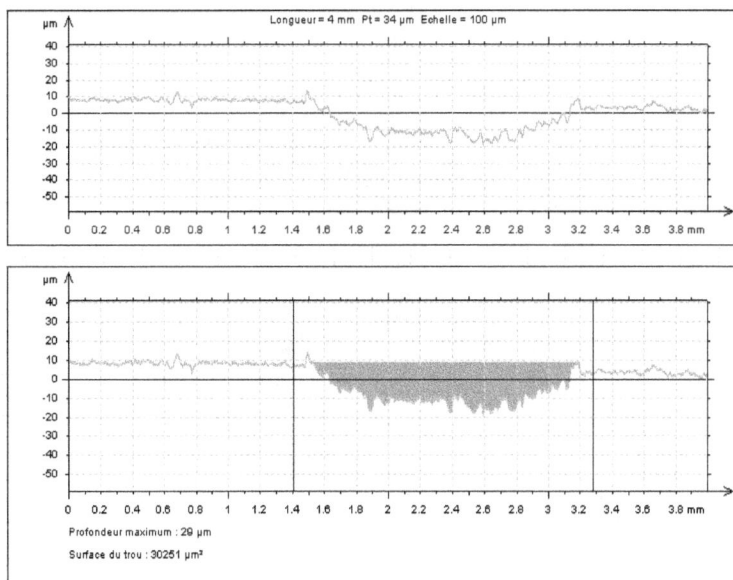

Figure V.33 : *Profilométrie de la piste d'usure (échantillon Ti6Al4V brut).*

Basés sur des reconstructions tridimensionnelles effectuées suite aux mesures profilmétriques, les volumes d'usure des différents échantillons ont été estimés (figure V.34).

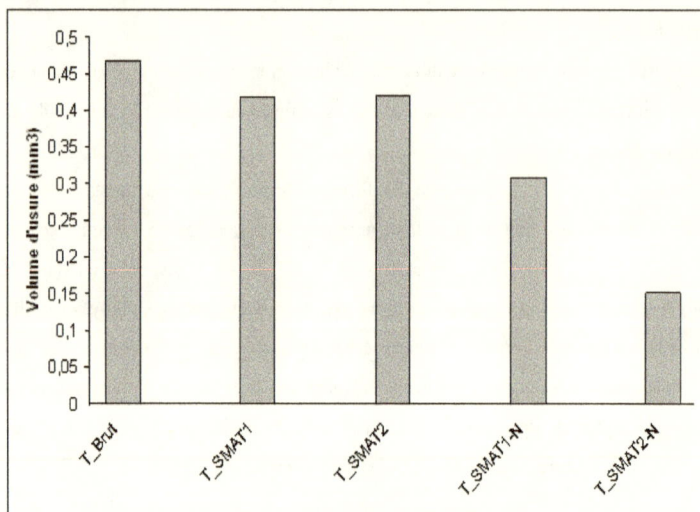

Figure V.34 : *Variation des volumes d'usure des échantillons Ti6Al4V.*

Sur la figure V.34, la variation de volume d'usure de l'échantillon brut est comparée avec les échantillons SMATés et les échantillons traités par SMAT-Nitruration. Il est clair que les valeurs de volume d'usure des deux échantillons SMATés (SMAT1 et SMAT2) sont inférieures à celui d'échantillon brut, indiquant que la résistance à l'usure des deux échantillons de Ti6Al4V a été améliorée par le traitement SMAT. En effet, la valeur de perte d'usure de l'échantillon brut est de 0,47 mm^3, cette valeur diminue après SMAT pour atteindre 0,41 mm^3 pour les deux échantillons SMATés.

Le processus du SMAT suivi par la nitruration ionique améliore significativement la résistance à l'usure de l'alliage de titane Ti6Al4V ; l'échantillon SMAT2 nitruré présente un volume d'usure égale à 0,15 mm^3. Cette amélioration de la résistance d'usure de l'alliage Ti6Al4V après le traitement duplex peut être attribuée à la dureté élevée de la surface superficielle des échantillons traités.

V.6.2.3 Observations des pistes d'usure par MEB :

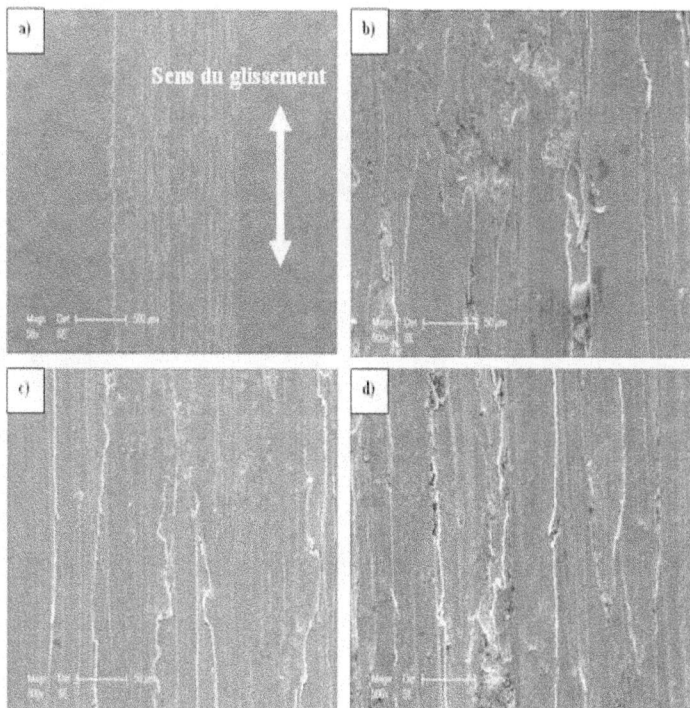

Figure V.35 : *Formation des débris d'usure après le test de fretting ;a) trace d'usure, b) échantillon brut, c) échantillon SMAT1, d) échantillon SMAT2.*

La figure V.35 représente quatre images du Ti6Al4V, dégradé par fretting contre l'alumine, obtenues par des observations avec le MEB. Sur l'image a), nous constatons que la largeur de la piste d'usure est d'environ 1 mm. L'échantillon présente des rainures parallèles au sens du glissement tout au long du contact. L'alliage de titane n'est pas usé uniformément. Les rayures sont dans le sens du frottement et l'usure semble bien engendrée par le fretting.

L'image b) est un agrandissement de la piste d'usure au centre du contact de l'échantillon brut. Les débris d'usure sont visibles sur cette image.

Nous pouvons penser que, dans un premier temps, les débris provoquent la dépassivation dans les vallées de rugosité ; puis la surface de ces rainures est usée par les débris d'oxydes de faible dimension présents dans le troisième corps et qui restent dans le contact. L'action de l'alumine, par le fretting, doit se situer en extrême surface pour permettre, grâce aux propriétés corrosives de la solution de Ringer, la dissolution de l'alliage de titane.

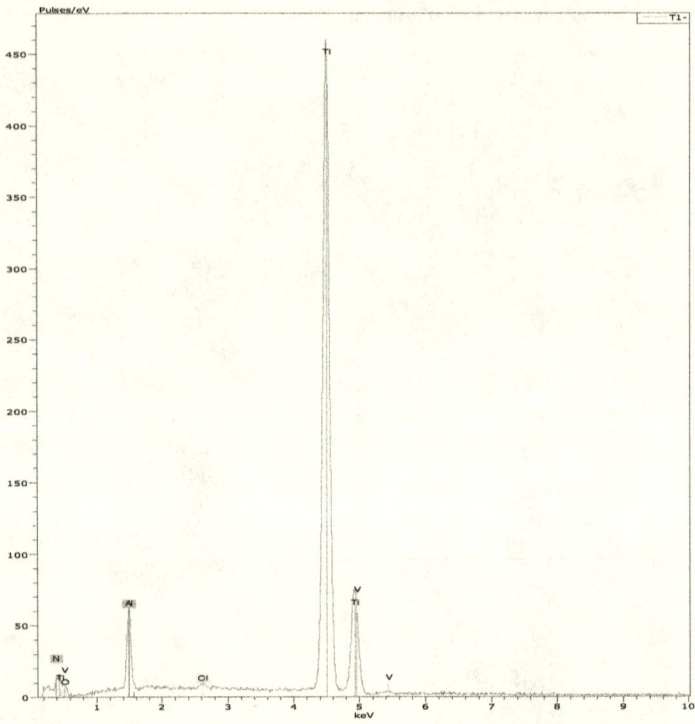

Figure V.36 : *Exemple d'analyse par EDX du troisième corps, cas du Ti6Al4V (SMAT1).*

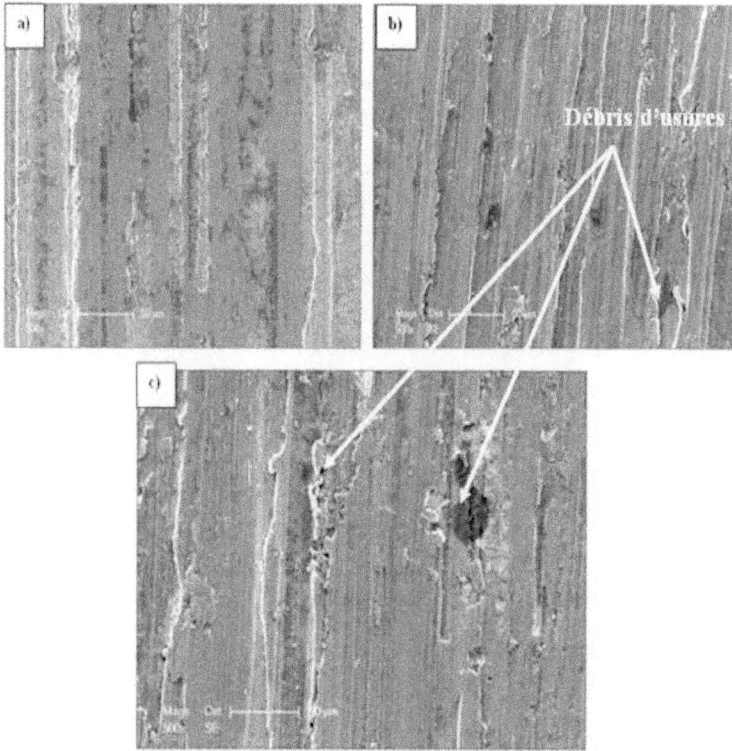

Figure V.37 : *Pistes d'usure ; a) échantillon nitruré, b) échantillon SMAT1 nitruré, c)
échantillon SMAT2 nitruré.*

En conclusion de cette étude, nous avons pu constater que l'alliage de titane avant et
après le traitement duplex SMAT-nitruration est marqué de rainures d'usure. Elles sont
parallèles au sens de déplacement. De ce type d'endommagement qui ne correspond pas à une
usure simplement mécanique, nous pouvons en déduire que la dissolution est engendrée par
l'action, en extrême surface, des débris générés par le fretting du à la destruction du film passif.

Le spectre détaillé sur la figure V.38 présente une analyse par EDX de l'échantillon SMAT1 nitruré. Nous constatons la présence des pics qui constatent les éléments de base de matériau. Un pic d'azote est également présent et qui vient de la nitruration de l'échantillon.

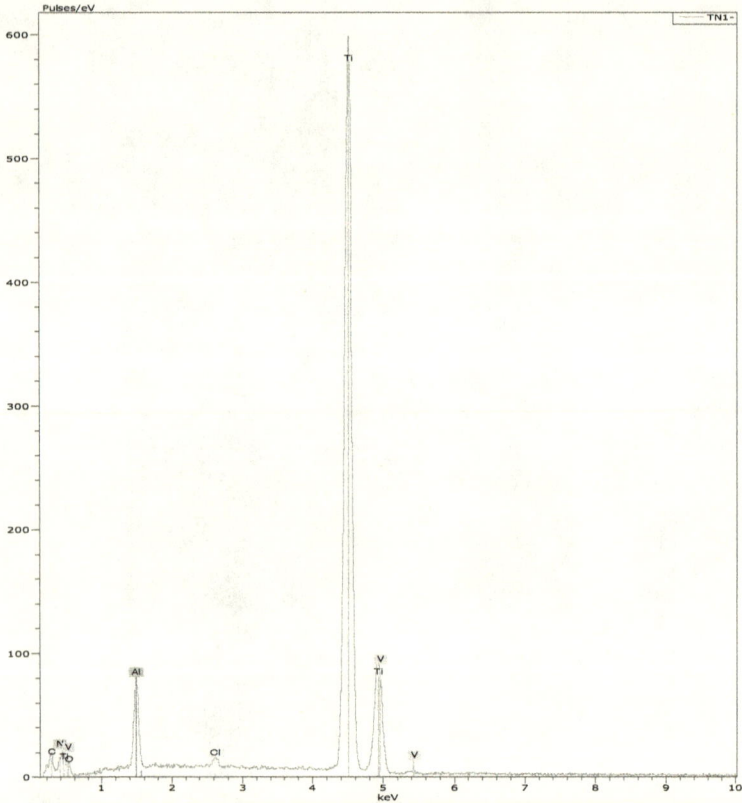

Figure V.38 : *Exemple d'analyse par EDX du troisième corps, cas du Ti6Al4V (SMAT1-Nitruré).*

Nous remarquons également qu'il y a un pic qui correspond à l'oxygène. Cette présence d'atome d'oxygène confirme bien la présence des oxydes à la surface de l'échantillon qui a été traité. Cependant, les mesures obtenues ne nous informent pas sur la nature de l'oxyde formé.

V.7 Développement d'un tribo-corrosimètre :

V.7.1 Introduction :

Dans le cadre de l'étude des prothèses articulaires, il existe à la fois des simulateurs de fonctionnement des prothèses articulaires et des bancs d'essai plus spécifiquement par l'étude de matériaux constituant ces prothèses. Certains sont difficiles d'utilisations et coûteux, et d'autres sont trop simplifiés. De plus, ces appareils ne permettent pas d'évaluer la progression de l'usure des matériaux en temps réel. Ils n'apportent donc pas de paramètres tangibles mesurables. Néanmoins, ils donnent une appréciation de la dégradation des prothèses, après un nombre de cycles déterminés et après l'arrêt des essais, à travers l'observation des faciès et les débris d'usure générés.

L'objectif de ce travail, est de développer un tribo-corrosimètre capable de mesurer les phénomènes d'usure combinés aux phénomènes de corrosion (tribo-corrosion), notamment sur les biomatériaux utilisés pour les prothèses articulaires. Ces mesures seront réalisées en temps réel et dans un milieu représentatif des conditions de travail in vivo.

Une première étude était déjà faite par Bouchakra E. [Bouchakra, 2006]. Il a apporté des éléments essentiels pour la conception et l'adaptation de ce prototype selon les directives normalisées.

Notre approche consiste à développer ce tribo-corrosimètre ; déterminer le cahier de charge (architecture de contact, résultats attendus…) et collaborer avec une entreprise de fabrication des tribomètres pour la réalisation finale de la machine. Nous allons commencer par la démarche faite pour concevoir le tribo-corrosimètre. Ensuite, une description du son fonctionnement est présentée. Enfin, les perspectives et l'évolution de ce projet sont décrites.

Le terme tribo-corrosion est formé de deux mots, tribologie et corrosion. C'est un processus complexe de dégradation : fissuration, corrosion, usure des matériaux, qui résulte de la combinaison des effets de sollicitations mécaniques (glissement, frottement, cavitation, érosion…) et d'environnements (électrochimiques ou chimiques se produisant à la surface). Beaucoup d'aspects de ce processus de tribo-corrosion ne sont pas expliqués encore, en raison de la complexité des différents processus mécaniques et environnementaux impliqués.

Les travaux de recherches et les échanges de la connaissance, entre les partenaires scientifiques et industriels, de différents pays en Europe et dans le monde, sont très importants pour la compréhension et la maîtrise des phénomènes de tribo-corrosion dans le but de proposer des solutions efficaces et économiques et ainsi, concevoir des tribo-corrosimètres capables d'expliquer ces phénomènes souvent complexes.

V.7.2 Géométrie et mouvement des échantillons :

Le mouvement de la hanche pendant la marche et pour un pas complet est décomposé en deux mouvements :

➢ Abduction et adduction

➢ Flexion et extension

L'analyse de ces deux mouvements permet de proposer une géométrie et un mouvement pour les échantillons dans le tribomètre. Le concept consiste à reproduire ces mouvements principaux de l'articulation de la hanche simultanément, tout en préservant un système mécanique relativement simple. Les approximations géométriques sont les suivantes :

➢ Le premier mouvement est simplifié et ramené à une rotation d'une sphère de diamètre « D_{tf} » (tête de fémur) à l'intérieur d'un hémisphère (cotyle) de ± 45°.

➢ Le second mouvement est également simplifié et ramené à une translation équivalente à la rotation de ± 60° de la tête de fémur dans la cotyle.

➢ La combinaison de ces deux mouvements est un mouvement hélicoïdal.

La figure V.39 schématise cette projection géométrique.

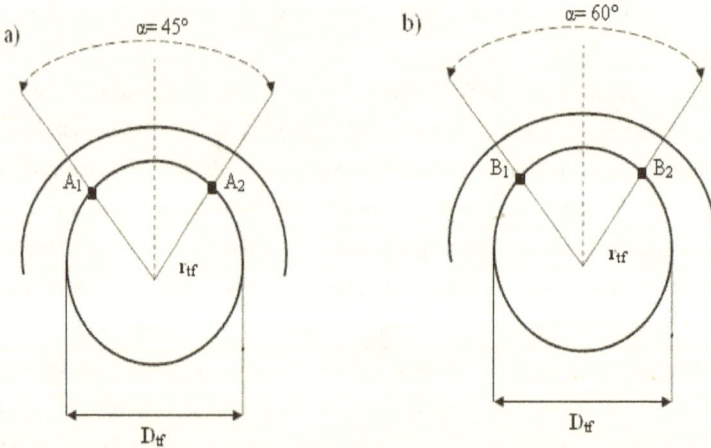

Figure V.39 : a) Angle effectué en abduction / adduction, b) Angle effectué pendant la marche.

La distance (a) parcourue de B_1 vers B_2 par la tête de fémur sur le cotyle, est fonction de l'angle α et du rayon de la tête de fémur r_{tf}. Cette distance est calculée selon l'équation suivante :

$$a = \pi \times r \times \frac{\alpha}{180}$$

Sachant que le diamètre de la tête de fémur (D_{tf}) varie entre 22 et 30 mm en moyenne, alors on :

$$a_{11} = \pi \times 11 \times \frac{60}{180} \approx 11,5mm$$

$$a_{15} = \pi \times 15 \times \frac{60}{180} \approx 15,7mm$$

A partir de calcul, pour effectuer un pas (avant-arrière) la tête de fémur parcourt une distance équivalente à deux fois (a) ; respectivement 23 et 31 mm.

Dans la conception, la géométrie de la tête de fémur (sphère) sera représentée par un cylindre de diamètre extérieur égal à «D_{tf}» et de hauteur égale à « 2a » (a étant la distance parcourue par un point de la tête de fémur sur le cotyle). La géométrie du cotyle (hémisphère) sera représentée par un secteur cylindrique creux de diamètre intérieur égal à «D_{tf}» et de hauteur égale à « a ».

La figure V.35 montre le cotyle qui sera fixe et la tête de fémur qui effectue un mouvement hélicoïdal avec une rotation de ± 45° équivalent au mouvement de l'abduction et de l'adduction, et une translation qui varie de 22 mm à 30 mm suivant le diamètre «D_{tf}» par rapport au cotyle.

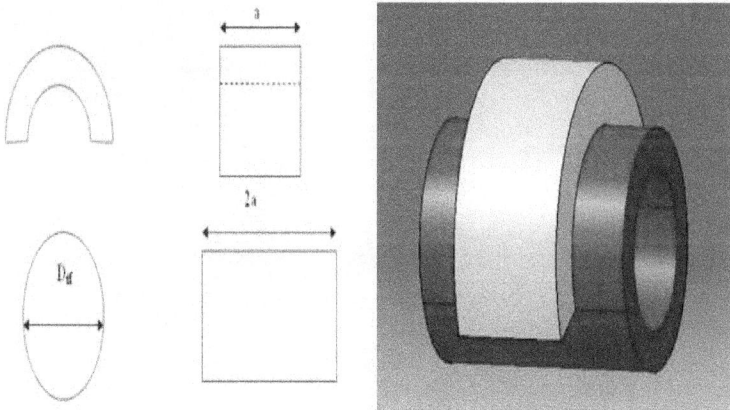

Figure V.40 : Schéma représentant les échantillons.

V.7.3 Description du tribo-corrosimètre :
V.7.3.1 L'ensemble du mouvement hélicoïdal :

C'est le mouvement principal de l'appareil. L'ensemble est composé d'un moteur électrique linéaire (1) pour entraîner la chaîne cinématique solidaire du premier échantillon. Un embout à rotules (3) et un système d'accouplement (4) qui lient l'axe du moteur à l'axe de l'échantillon (8), ils permettent de corriger les erreurs de désalignement des deux axes et d'assurer une rotation libre de l'axe de l'échantillon indépendamment de l'axe du moteur. Le mouvement hélicoïdal de l'axe de l'échantillon est assuré à l'aide d'une came hélicoïdale (5). Deux glissières (6) sont utilisées pour soutenir cet axe de part et d'autre de la cellule (7).

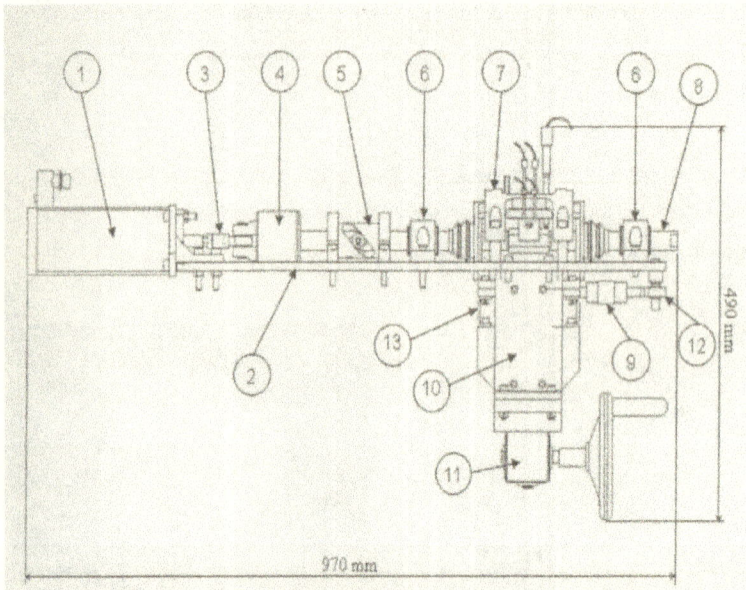

Figure V.41 : Vue de face du tribo-corrosimètre [Bouchakra, 2006].

V.7.3.2 L'ensemble de la cellule :

Cet ensemble est le cœur de l'appareil, les échantillons y frottent dans un milieu choisi. La cellule (7) possède une géométrie cylindrique. Elle est fabriquée en polycarbonate transparent « PC ». Deux couvercles latéraux (23) en PC et deux soufflets (14) en PVC assurant l'étanchéité et la souplesse du mouvement. Un support inférieur (24) et un autre supérieur (22) emboîte la cellule et la rendent rigide avec le système de chargement de force normale. A l'intérieur de la cellule, on fixe l'échantillon cylindrique creux (18) représentant la

217

cotyle, nous allons l'appeler par simplification « le cotyle ». le cotyle repose sur l'échantillon cylindrique antagoniste (19) représentant la tête de fémur qui est monté sur son axe, nous l'appelons également « la tête de fémur ». Durant l'essai, ces deux échantillons baignent dans un liquide corrosif qui remplit la majorité du volume de la cellule.

Pour mesurer la vitesse de corrosion, une électrode de référence (15) est introduite verticalement dans la partie supérieure de la cellule. L'échantillon cylindrique représente l'électrode de travail, un fil en platine (20) représente l'électrode auxiliaire.

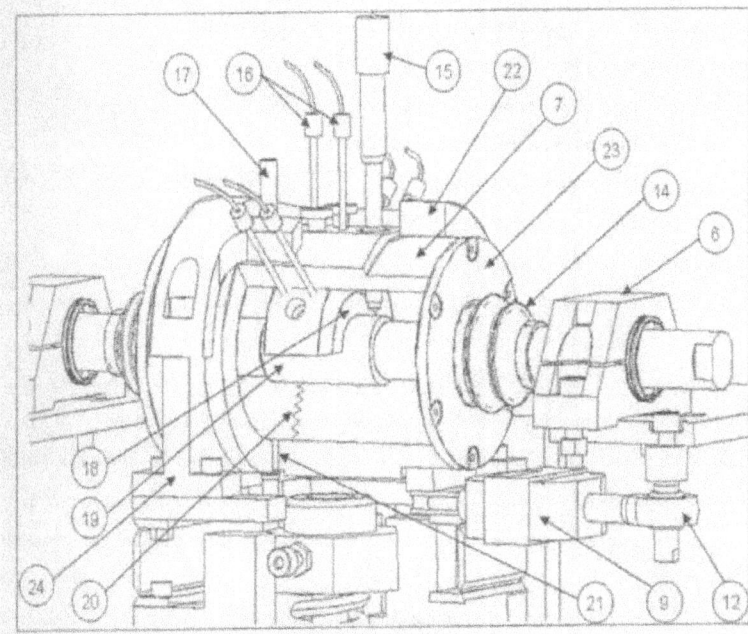

Figure V.42 : Vue en coupe de la cellule [Bouchakra, 2006].

V.7.4 Avantages du concept du tribo-corrosimètre :

Ce nouveau concept de tribo-corrosimètre est capable de répondre à des exigences spécifiques aux phénomènes d'usure combinées aux phénomènes de corrosion, notamment sur les biomatériaux.

Nous avons contacté une entreprise spécialisée dans la fabrication des tribomètres afin de réaliser un prototype de notre tribo-corrosimètre. Cela nous a permis de faire l'état des lieux des appareils existants, leurs avantages et surtout leurs défaillances. Par conséquent, nous avons recueilli des éléments essentiels pour la fabrication et l'adaptation de notre prototype, toujours en accord avec les directives normalisées.

L'architecture des pièces et la configuration du contact innovant, de type demi cylindrique concave sur un cylindre convexe, immergées dans un milieu corrosif fermé, contrôlé, et équipé d'une instrumentation de mesure électrochimique, offrent à notre tribo-corrosimètre des avantages certains vis-à-vis des tribomètres existants.

Le tribo-corrosimètre va nous permettre :

➢ Une acquisition en continu des évolutions :

- Des forces normales et tangentielles

- Des grandeurs électrochimiques

➢ Une corrélation entre grandeurs tribologiques et électrochimiques.

Nous allons présenter les principaux avantages de ce tribo-corrosimètre.

➢ Au niveau de mouvement : le mouvement hélicoïdal de ce tribo-corrosimètre lui confère un classement dans le secteur d'appareil à mouvement multidirectionnel. A. Wang et al. [Wang, 1998] soulignent l'importance de cet aspect géométrique sur le taux d'usure mesuré aux laboratoires par rapport à ceux mesurés cliniquement.

➢ Au niveau de l'environnement : l'enceinte de travail est une cellule cylindrique fermée, à température contrôlée ce qui permet d'assurer des conditions de stérilisation idéales.

➢ Au niveau de l'équipement : l'équipement électrochimique est adapté aux conditions dynamiques du système.

➢ Au niveau des charges : la gamme de charge normale qui s'étend jusqu'à 2500 N est rarement atteinte dans d'autres tribo-corrosimètre, (charge maximale de 60 N).

Des essais de tribocorrosion ont été prévus sur cette machine, mais malheureusement nous avons rencontré plusieurs difficultés. En effet, le système d'acquisition des données n'était pas synchronisé avec le mouvement des échantillons et des instabilités au niveau des courbes de l'effort normal et tangentiel ont conduit à des erreurs au niveau des résultats obtenus.

Pour commencer à faire des essais sur ce tribo-corrosimètre, deux systèmes doivent essentiellement être achevés afin d'assurer l'automatisation de l'appareil et doter le tribo-corrosimètre d'un dispositif réactif de contrôle de débris.

- Le système de contrôle informatique
- L'incorporation de système de filtre et d'analyse des débris

Figure V.43 : Machine de tribocorrosion (UTC-Roberval).

V.7.5 Perspectives :

Après l'étude conceptuelle de cet appareil et la réalisation d'un premier prototype (Figure V.43), plusieurs travaux peuvent être envisagés.

Tout d'abord, il faut s'assurer du bon fonctionnement des différents systèmes, mécanique, électrique et électronique…Ensuite, la mise au point d'un protocole d'essai, l'étalonnage et la comparaison avec des simulateurs homologués.

Le nouveau tribo-corrisomètre pourra être utilisé comme un module de base dans une chaîne d'appareil similaire. Nous pouvons donc élargir notre champ d'essai, qu'il s'agisse de tester une variété de matériaux ou/et de comparer plusieurs gammes de paramètres. Ceci est d'un intérêt primordial pour les statistiques biomédicales autour d'un biomatériau donné.

Plusieurs couples de matériaux peuvent être testés sur ce tribo-corrisométre ; métal-métal, céramique- métal ou bien céramique-polymère…

A l'aide du traitement de nanostructuration SMAT, nous pourrons traiter les échantillons et effectuer les essais dans plusieurs types de solutions physiologiques. Ces essais vont nous permettre d'obtenir des résultats de tribologie combinés avec ceux électrochimiques et voir l'influence du traitement sur le comportement des biomatériaux dans des conditions proches de celles rencontrés dans les articulations de la hanche.

Chapitre V

Conclusions :

Le traitement SMAT de par les impacts répétés et muldirectionnels à la surface des matériaux permet de générer une nanostructure superficielle tout en conservant un état de surface relativement lisse comparé à d'autres traitements de surface tel le grenaillage de précontrainte. En effet, la rugosité ne dépasse pas 1,5 μm pour les échantillons testés. L'utilisation de billes parfaitement sphériques en tant que projectiles y est pour quelque chose. La valeur maximale de la rugosité de l'alliage de titane Ti6Al4V est 1,3 μm pour l'échantillon traité par SMAT suivant la condition 2. Pour l'acier inoxydable, la rugosité de l'échantillon SMAT1 est 1,1 μm. L'alliage cobalt chrome présente une rugosité qui vaut 0,9 μm pour l'échantillon SMAT2.

La nanostructure superficielle composée de grains ultrafins présente une très grande résistance mécanique. Basé sur des mesures de dureté par nanoindentation, les valeurs obtenues sont maximales prés de l'extrême surface. Les valeurs de nanodureté maximales de l'alliage de titane atteignent 5,3 GPa pour l'échantillon SMAT1. Pour l'acier inoxydable, la valeur est maximale prés de l'extrême surface et vaut environ 4,8 GPa pour l'échantillon traité suivant la condition 1. L'augmentation de la dureté est plus significative dans le cas de l'alliage cobalt chrome et la valeur maximale est 7,9 GPa pour l'échantillon SMAT2, la dureté de l'échantillon brut d'usinage étant 5,7 GPa.

Nous avons entamé la partie tribologique par l'étude de l'effet du traitement SMAT sur le comportement en tribologie des trois biomatériaux. Le choix est porté sur un contact bille (en zircone)-disque avec un mouvement alternatif en régime lubrifié (solution de Ringer). Le coefficient de frottement de l'alliage de titane passe de 0,67 avant traitement à 0,6 pour l'échantillon SMAT1 et 0,57 pour l'échantillon SMAT2. La présence de grains nanocristallins dans les régions superficielles de l'alliage de titane Ti6Al4V après SMAT renforce la résistance à l'usure de ces régions, ce qui explique l'amélioration des propriétés en tribologie. Une légère diminution du coefficient de frottement est également observée pour l'acier inoxydable 316L ; en effet, son coefficient de frottement passe de 0,5 à l'état brut à 0,45 pour l'échantillon SMAT1 et 0,43 pour l'échantillon SMAT2. La quantité plus importante de martensite observée après le traitement SMAT augmente la dureté de la surface et participe à la légère diminution du coefficient de frottement.

Dans les mêmes conditions de l'essai de fretting, l'amélioration du comportement tribologique est plus nette pour l'alliage cobalt chrome. En effet, le coefficient de frottement après SMAT (condition 2) atteint 0,33 au lieu de 0,49 pour l'échantillon brut. L'augmentation de la dureté après SMAT se manifeste globalement par la diminution du coefficient de frottement des échantillons de l'alliage cobalt chrome.

Dans la deuxième partie de l'étude tribologique, nous nous sommes intéressés à l'alliage de titane Ti6Al4V, l'un des biomatériaux les plus utilisés dans la fabrication des implants orthopédiques. Nous avons choisi une bille en zircone comme point de contact suivant un mouvement rotatif. Les résultats obtenus montrent une diminution du coefficient de frottement. Après SMAT, les valeurs de coefficient de frottement atteignent environ 0,46 au lieu de 0,52 pour l'échantillon brut. Une légère amélioration est observée après le traitement duplex SMAT-nitruration où le coefficient de frottement de l'échantillon SMAT2 nitruré atteint 0,43.

Une deuxième gamme d'essais a été effectuée sur le même tribomètre en utilisant une bille en alumine en mouvement alternatif. Nous remarquons un comportement quasi-similaire à celui effectué avec la bille en zircone en mouvement rotatif. Le coefficient de frottement est de 0,38 pour l'échantillon brut puis diminue après SMAT pour atteindre 0,26. Après le traitement duplex SMAT-nitruration, le coefficient de frottement des deux échantillons traités atteint 0,24. Les volumes d'usure ont été évalués à l'aide des profils bidimensionnels de la piste d'usure. Les valeurs obtenues montrent une diminution après le traitement SMAT et qui atteignent des valeurs proches de 0,41 mm^3 pour les deux échantillons SMATés. Cette diminution est plus significative après le traitement duplex SMAT-Nitruration ; le volume d'usure de l'échantillon SMAT2 nitruré vaut 0,15 mm^3.

Une dernière partie de ce chapitre a été consacrée au développement d'un tribocorrosimètre. Nous avons pu réaliser cette machine en collaboration avec une entreprise spécialisée dans la fabrication des tribomètres. Ce nouveau tribocorrosimètre va permettre d'étudier une multitude des matériaux et avoir des résultats combinés de corrosion et de tribologie.

Références bibliographiques :

[Affatato, 2007] S. Affatato, W. Leardini, A. Jedenmalm, O. Ruggeri, A. Toni ; Larger diameter bearings reduce wear in metal-on-metal hip implants. Clin Orthop Relat Res ; 456 :153–8, 2007.

[Astmf, 2006] ASTMF732-00. Standard Test Method forWear Testing of Polymeric Materials used in Total Joint Prostheses. West Conshohocken, PA : ASTM, 2006.

[Bouchakra, 2006] E. Bouchakra, C. Richard, I. Sallit : Conception et développement d'un tribo-corrosimètre, université de technologie de Compiègne, 2006.

[Bowden, 1996] F.P.Bowden, A.F.Hawell ; the friction and wear of diamond. Roy.Soc.A, Vol 295, P 233, 1996.

[Bragdon, 1996] C.R. Bragdon, D.O. Connor, J.D. Lowenstein, M. Jasty, W.D. Syniuta ; The importance of multidirectional motion on the wear of polyethylene. Proc Inst Mech Eng [H] ; 210(3) :157–65, 1996.

[Dao, 2007] M. Dao, L. Lu, R.J. Asaro, J.T.M. De Hosson, E. Ma, Acta Mater. 55-4041, 2007

[De Aza, 2002] A.H. De Aza, J. Chevalier, G. Fantozzi, M. Schehl, R. Torrecillas ; Crack growth resistance of alumina, zirconia and zirconia toughened alumina ceramics for joint prostheses. Biomaterials 23, 937-945, 2002.

[Dowson, 1985] D. Dowson, M.M. Diab, B.J. Gillis, J.R. Atkinson ; Influence of counterface topography on the wear of UHMWPE under wet and dry conditions, Polym. Prepr. Am. Chem. Soc. Div. Polym. Chem. 287 (171), 1985.

[Dowson, 1995] D. Dowson, A comparative study of the performance of metallic and ceramic femoral head components in total replacement hip joints, Wear 190 (171), 1995.

[Dowson, 2001] D. Dowson ; New joints for the millennium: wear control in total replacements hip joints. Proc Inst Mech Eng [H] ; 215 :335–58, 2001.

[Fisher, 1995] J. Fisher, P. Firkins, E.A. Reeves, J.L. Hailey, G.H. Issac ; The influence of scratches to metallic counterfaces on the wear of ultra-high molecular weight polyethylene, Proc. Inst. Mech. Eng. 209 (263), 1995.

[Geetha, 2009] M. Geetha, A.K. Singh, R. Asokamani, A.K. Gogia ; Ti based biomaterials, the ultimate choice for orthopaedic implants - A review, Progress in Materials Science, v. 54, n. 3, pp. 397-425, 2009.

[Gleiter, 1988] H. Gleiter ; Prog. Mater. Sci. 33 (223), 1988.

[Iost, 1997] A. Iost, J.B. Vogt, Scripta Materialia, 37, 1499, 1997.

[Katz, 2006] A. Katz, M. Redlich, L. Rapoport, H.D. Wagner, R. Tenne ; Selflubricating coatings containing fullerene-like WS2 nanoparticles for orthodontic wires and other possible medical applications. Tribol Lett ; 21(2) :135–9, 2006.

[Kawata, 2001] K. Kawata, H. Sugimura, O. Takai, Thin Solid Films, 390, 64, 2001.

[Lee, 2003] S.W. Lee, C. Morillo, J.Lira-Olivares, S.H. Kim, T. Sekino, K. Niihara, B.J. Hockey ; Tribological and microstructural analysis of Al2O3/TiO2 nanocomposites to use in the femoral head of hip replacement. Wear 255, 1040-1044, 2003.

[Lu, 1996] K. Lu, Mater. Sci. Eng. R16 (161), 1996.

[Lu, 2004] K. Lu, J. Lu, Nanostructured surface layer on metallic materials induced by surface mechanical attrition treatment ; Institute of Metal Research, Chinese Academy of Sciences, Shenyang National Laboratory for Materials Science, China, 2004.

[Miller, 1997] G. Miller, W.U.Kopp : Struers Gmbh, Erkrath copyright par l'institut de swidish cearamic, 1997.

[Mordyuk, 2007] B.N. Mordyuk, G.I. Prokopenko, J. Sound Vibr. 308-855, 2007.

[Morris, 1998] D.G. Morris, Mechanical Behaviour of Nanostructured Materials, Trans. Tech. Publications Ltd., Switzerland, p. 70, 1998

[Multinger, 2009] M. Multigner, E. Frutos, J.L. Gonzalez-Carraso, J.A. Jimenez, P. Marin, J. Ibanez, Mater. Sci. Eng. C 29-1357, 2009.

[Piconi, 1999] C. Piconi, M. Labanti, G. Magnani, M. Caporale, G. Maccauro, G. Magliocchetti ; Analysis of a failed alumina THR ball head. Biomaterials 20, 1637-1646, 1999.

[Ravikian, 2000] A. Ravikiran ; Wear quantification. J Tribol : 650–6, 2000.

[Roland, 2006] T. Roland, D. Retraint, K. Lu, J. Lu, Scr. Mater. 54, 2006.

[Roland, 2007] T. Roland, D. Retraint, K. Lu, J. Lu, Mater. Sci. Eng. A 445/446, 281, 2007.

[Saikko, 2005] V. Saikko ; A 12-station anatomic hip joint simulator. Proc Inst Mech Eng [H] ; 219(6) : 437–48, 2005.

[Sakasi, 1988] S. Sakasi : The effects of surrounding atmosphere on friction of ceramics. 15th Leeds-Lyon, pp 355-364, 1988.

[Tao, 2003] N. Tao, H.W. Zhang, J. Lu, K. Lu, Mater. Trans. 44-1919, 2003

[Teoh 2000] S.H. Teoh ; Fatigue of biomaterials: a review. International Journal of Fatigue 22, 825- 837, 2000.

[Wang, 1998] A. Wang, A. Essner, V. K. Polineni, C. Stark, J. H. Dumbleton : lubrication and wear of ultra-high molecular weight polyethylene in total joint replacements, tribology international, volume 31, Issues 1-3, pages 17-33, 1998.

[Wang, 2001] Z.B. Wang, X.P. Yong, N.R. Tao, S. Li, Effect of surface nanocrystallization of tribological behavior of low carbon steel, Acta. Metall. Sinica, 37, 2001.

[Wang, 1996] A. Wang, C. Stark, J.H. Dumbleton ; Mechanistic and morphological origins of ultra-high molecular weight polyethylene wear debris in total joint replacement prostheses. Proc Inst Mech Eng [H] ; 210(3) :141–55, 1996.

[Zichner, 1992] L.P. Zichner, H.-G. Willert, Comparison of alumina–polyethylene and metal–polyethylene in clinical trials, Clin. Orthop. 282 (86), 1992.

Chapitre V

Conclusions générales

Conclusions générales

L'implantation des prothèses de hanche représente à la fois un enjeu de développement en chirurgie orthopédique et dans l'industrie des implants. Les problèmes de corrosion et d'usure des biomatériaux utilisés qu'il soit l'alliage de titane Ti6Al4V, l'acier inoxydable 316L, ou l'alliage cobalt-chrome peuvent se rencontrer à différents endroits d'une prothèse totale de hanche : tige fémorale, tête de fémur ou encore l'anneau cotyloïdien.

L'objectif qui a initié ce travail est l'étude de l'effet d'un traitement SMAT sur les propriétés surfaciques des principaux biomatériaux utilisés pour la fabrication des prothèses de hanche. Nous cherchons à travers ce traitement l'amélioration des propriétés de résistance à la corrosion et à l'usure des biomatériaux. La littérature montre que ce type d'améliorations a été constaté principalement lorsque le matériau a subi une déformation plastique (écrouissage) importante. Le contexte industriel de ce travail apporte d'autres contraintes, il faut que le procédé de traitement de surface soit industrialisable, qu'il ne modifie pas la géométrie des pièces et souvent qu'il soit possible de ne traiter qu'une partie de la surface des composants. Un autre objectif était de mesurer l'influence d'un traitement duplex SMAT-nitruration sur les propriétés de corrosion et d'usure de l'alliage de titane Ti6Al4V, l'un des biomatériaux les plus utilisés actuellement dans la fabrication des prothèses orthopédiques.

Le premier chapitre de ce manuscrit a été consacré à une synthèse de l'état de l'art sur les biomatériaux utilisés dans le domaine biomédical et notamment pour les prothèses de hanche. Les propriétés microstructurales, ainsi que les propriétés électrochimiques et tribologiques ont été présentées. Malgré les nombreux avantages que présentent ces matériaux, ils possèdent néanmoins des faiblesses qui limitent leurs utilisations. Enfin, nous avons montré, à partir de la littérature qu'à l'aide des traitements mécaniques (de type SPD) et/ou chimique (nitruration), ces propriétés peuvent être améliorées.

Le second chapitre regroupe les caractéristiques des biomatériaux utilisés (l'alliage de titane Ti6Al4V, l'acier inoxydable 316L et l'alliage cobalt chrome), les descriptifs du procédé de grenaillage et le dispositif de nitruration ionique. Il est complété par les détails des protocoles de préparation des échantillons, des paramètres opératoires des techniques de caractérisations employées, des traitements de données associés. Les techniques électrochimiques et les méthodes de caractérisation de surface sont également présentées afin de faciliter l'interprétation des résultats des chapitres suivants.

Conclusion générale

Dans le troisième chapitre, nous avons présenté les résultats de la caractérisation des biomatériaux après un traitement mécanique SMAT. Cette étude a permis d'étudier l'influence du SMAT sur la microstructure des échantillons traités. Les observations microscopiques réalisées permettent de montrer une nanostructure sur la surface de l'alliage de titane et l'acier inoxydable. Ensuite des études électrochimiques sur les différents biomatériaux traités ont été conduites à l'aide des essais de suivi de potentiel libre, des courbes de polarisations et des essais d'impédancemétrie. Les résultats obtenus montrent que le traitement SMAT améliore la résistance à la corrosion dans une solution de Ringer des différents biomatériaux traités et notamment l'alliage de titane Ti6Al4V. Cette amélioration est moins significative dans le cas de l'acier inoxydable et l'alliage chrome cobalt. Ces résultats ont été confirmés par les analyses XPS, cette technique qui permet de donner des informations complémentaires concernant l'environnement des différentes espèces chimiques présentes au niveau des surfaces.

Le quatrième chapitre a été consacré à l'étude de l'alliage de titane Ti6Al4V traité par un traitement duplex SMAT-nitruration. D'après les essais effectués sur les différents échantillons SMATés et nitrurés, nous avons constaté une amélioration nette des propriétés électrochimiques de Ti6Al4V et plus intéressante que celles obtenues avec le traitement SMAT seul. Cette amélioration est due à la formation d'une couche composée de nitrures qui protègent la surface de l'alliage biomédical. Ces essais ont été suivis par des analyses XPS qui viennent confirmer les résultats déjà obtenus.

Le dernier chapitre a traité les propriétés mécaniques et tribologiques des biomatériaux après SMAT. Des essais de nanodureté sur la section transversale des échantillons traités par SMAT ont montré une augmentation significative de la dureté prés de l'extrême surface des échantillons traités. La rugosité a également augmenté après le traitement SMAT. Des essais tribologiques de type pion-disque montrent que les matériaux traités par SMAT présentent une amélioration de la résistance à l'usure (diminution du coefficient de frottement).

Nous avons abordé également le comportent de l'alliage de titane après un traitement duplex SMAT-nitruration suivant deux couples différents. Une première gamme d'essais contre une bille en zircone suivant un mouvement rotatif montre que le SMAT améliore la résistance à l'usure et diminue le coefficient de frottement. Néanmoins, le traitement duplex n'a pas d'effet significatif sur les propriétés tribologiques de l'alliage de titane. Des résultats similaires ont été obtenus après une deuxième série d'essais contre une bille en alumine suivant un mouvement alternatif.

230

Conclusion générale

Perspectives :

D'un point de vue fondamental, plusieurs points restent à éclaircir ou simplement à aborder. Nous nous focaliserons sur le comportement fretting corrosion, cas expérimental le plus proche des dégradations *in vivo* des prothèses de hanche. La compréhension des phénomènes présents à la surface et dans les zones d'usure les plus profondes est un point crucial pour le développement des biomatériaux de futur.

Plusieurs perspectives peuvent être abordées dans les prochaines années :

- Comprendre la nature des interactions entre les surfaces qui permet de rendre compte de l'effet du potentiel sur les variations d'énergie dissipée lors du frottement.

- Utiliser une plus large gamme de conditions de SMAT et de nitruration pour traiter les biomatériaux. Il est possible que les résultats soient plus intéressants que ceux trouvés dans notre étude.

- Changer de liquide physiologique ou insérer simplement des protéines dans la solution de Ringer. On peut prévoir que le frottement sera moins sévère en raison de l'action lubrifiante des protéines. De plus, il se peut que les phénomènes de corrosion et les interactions de surface soient modifiés et notamment la valeur du potentiel libre.

Pour le nouveau tribo-corrosimètre, plusieurs essais peuvent être réalisés, qu'il s'agisse de tester une variété de matériaux ou/et de comparer plusieurs gammes de paramètres. Ceci est d'un intérêt primordial pour les statistiques biomédicales autour d'un biomatériau donné.

Les mécanismes de dégradation des matériaux, avec ou sans frottement, dans différents milieux, sont aussi étudiés dans d'autres domaines industriels, l'industrie nucléaire et l'aéronautique par exemple, où les progrès sont constants dans la compréhension des phénomènes d'usure. Beaucoup d'éléments sur la modélisation ou de résultats expérimentaux seraient à considérer dans ce domaine de façon à pouvoir prédire la durée de vie d'un implant. Ce dernier point reste l'objectif ultime pour améliorer le confort du patient et la fiabilité des implants orthopédiques dans le corps humain.

Annexes

Annexe 1

Intensité Almen

Comme nous avons vu au deuxième chapitre, le procédé SMAT ultrasons dépend d'une multitude de paramètres qui rendent, par conséquent, délicats le contrôle et la reproductibilité d'une opération de nanocristallisation par SMAT. Dans notre intérêt, pour permettre une nanocristallisation de surface, une intensité de traitement la plus importante possible doit être atteinte. Disposant de plusieurs paramètres de réglages, nous avons donc, dans un premier temps, choisi de tester ces différents paramètres et de voir leur influence sur l'intensité obtenue. Pour cela, nous avons choisi d'ajuster nos paramètres de réglages par rapport à un système de jauges Almen couramment utilisé pour fixer les paramètres d'un grenaillage classique.

Il s'agit d'une éprouvette en acier XC65 (SAE1070), dite « éprouvette Almen », parfaitement définie et standardisée par les normes américaines. Cette éprouvette plane est bridée sur un support et soumise au jet de grenailles. Après libération de son support, l'éprouvette présente une flèche qui résulte des contraintes résiduelles introduites. La mesure de cette flèche à l'aide d'un comparateur permet de caractériser l'opération de grenaillage et ici, de notre système de traitement SMAT, par la « flèche Almen » relevée (figure 1).

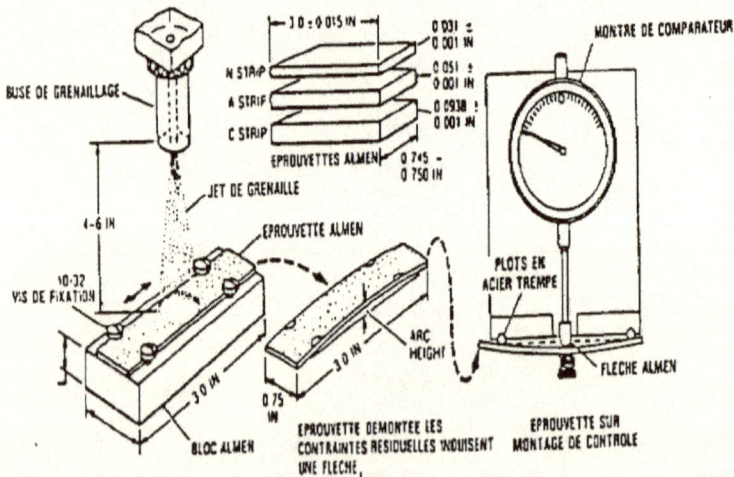

Figure 1 : Système de contrôle Almen.

La flèche Almen (ou intensité Almen) est définie par un chiffre et une lettre. La lettre indique le type d'éprouvette Almen utilisé (A, N ou C). Elles diffèrent uniquement par leur épaisseur. Le chiffre correspond à la flèche qu'a prise l'éprouvette à la suite du traitement, exprimée en centième de millimètres ou en millième de pouce.

Exemple : flèche 0,10 ; pouce = 0,25 mm équivaut à F25A pour la norme AFNOR et 10A pour la norme SAE.

La courbe d'évolution de la flèche Almen en fonction du temps de traitement a une forme générale commune (figure 2). Cette courbe, dite de saturation, permet de déterminer les conditions de réglage de la machine pour obtenir l'intensité Almen désirée. Le temps de saturation est défini comme le temps T nécessaire pour atteindre une flèche telle qu'en doublant le temps de traitement, soit 2T, la flèche n'augmente pas de plus de 10%.

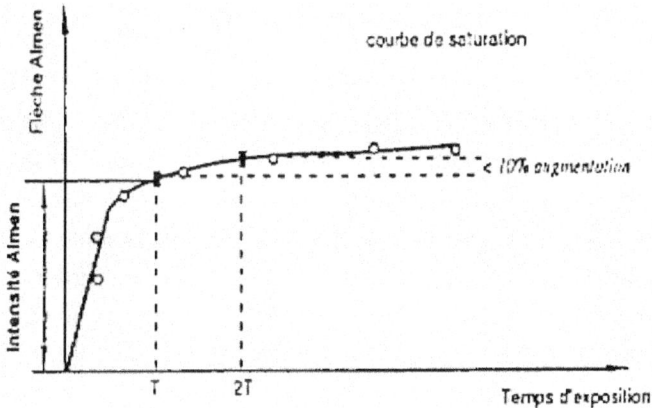

Figure 2 : Courbe de saturation Almen.

La flèche Almen permet donc un bon contrôle du réglage de la machine et une bonne reproductibilité des essais. Néanmoins, elle ne permet pas de remonter au champ de contraintes résiduelles généré au sein du matériau traité.

Annexe 2

Les caractéristiques de la zircone

L'un des matériaux céramiques les plus utilisés pour des applications biomédicales actuellement est la zircone. Elle présente des bonnes propriétés mécaniques et une résistance élevée à la propagation des fissures [Geetha, 2009].

La zircone, considérée comme une céramique fonctionnelle, a montré sa supériorité dans le domaine des prothèses biomédicales, aussi bien au niveau de l'usure que la fiabilité mécanique [Sakasi, 1988] [Miller, 1997]. C'est la raison pour laquelle nous l'avons choisi dans le cadre de cette étude.

Le point de fusion de la zircone est de 2680 °C, son coefficient de dilatation est presque identique à celui des aciers et des fontes et sa conductivité thermique est faible. Il existe plusieurs variétés allotropiques de la zircone : monoclinique, quadratique, cubique [Bowden, 1996].

Lors du passage de la structure quadratique à la structure monoclinique, le volume de la zircone stabilisée augmente, et il ya création de fissures. Il est donc nécessaire partiellement ou totalement de stabiliser la zircone en phase quadratique, cubique par ajout de Y, Ca, Mg...en fait, la microstructure de la zircone partiellement stabilisée (PSZ) présente un système miltiphasé. La présence d'interfaces internes, de microfissures diffuses et de mise en compressions locales modifie la propagation des fissures et augmente l'énergie mécanique nécessaire à la progression de ces dernières. On obtient ainsi des charges à la rupture supérieure à 900 MPa dans le domaine de température utile. C'est la raison pour laquelle ce type de matériau est habituellement employé pour des pièces fonctionnant en conditions sévères comme la tête de fémur.

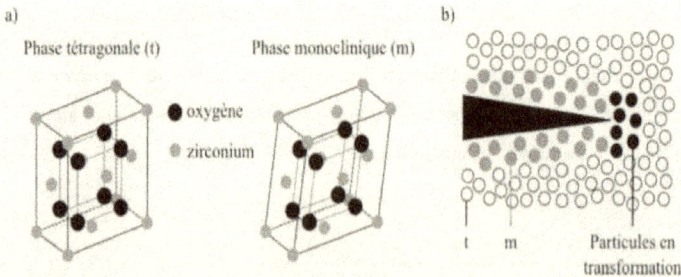

Figure 3 : *Structures de la zircone et transformation de phase. a) Structures tétragonale et monoclinique de la zircone. b) Transformation de phase au voisinage d'un fond de fissure se propageant [Piconi, 1999].*

Annexes

Dans notre étude, une zircone stabilisée sous forme quadratique par l'oxyde d'ytrium Y_2O_3 a été utilisée. Les deux tableaux ci-dessous donnent les propriétés chimiques et mécaniques de cette zircone.

élément	Y_2O_3	Al_2O_3	CaO	SiO_2	Fe_2O_3	Na_2O	MgO
%	8,3	3	0,05	0,1	0,1	0,03	0,03

Tableau 1 : Composition chimique de la zircone.

Masse volumique (g/cm^3)	6,0-6,1
Porosité ouverte (%)	0
Module d'Young (GPa)	200
Dureté (Knoop/100g)	18000
Résistance à la flexion (MPa)	800
Résistance à la compression (MPa)	200
Conductivité thermique (20°C) (W/mK)	2,5
Rugosité Ra (μm)	0,2

Tableau 2 : Propriétés mécaniques de la zircone à 20 °C.

Annexe 3

Les caractéristiques de l'alumine :

L'alumine de haute densité et haute pureté a été la première biocéramique utilisée cliniquement, à partir du milieu des années 1970 [Lee, 2003]. Ceci est dû à la combinaison d'une très bonne résistance à l'usure, d'une bonne biocompatibilité et d'une excellente résistance à la corrosion, ceci malgré une résistance à la fracture modeste, avec un K_{IC} de l'ordre de 4 à 5 MPa [Teoh 2000]. Ainsi, un nombre non négligeable de ruptures *in vivo* a été reporté, principalement dues à la propagation sous-critique de fissures. Le taux de rupture actuel du couple alumine-UHMWPE est inférieur à 0,01 % en ce qui concerne les dix dernières années, mais cela reste néanmoins problématique [De Aza, 2002].

Le tableau 3 présente les propriétés imposées aux alumines de haute pureté par la norme ISO 6474, en cours d'évolution vers une taille moyenne des grains plus faible et la prise en compte de la dispersion de ces tailles. L'alumine présente de plus un module d'Young de l'ordre de 380 GPa et un coefficient de Poisson d'environ 0,23.

Masse volumique (g/cm^3)	3,97
Température de fusion (°C)	2054
Température d'ébullition (°C)	3000
Dureté (Vickers)	2000
Résistance à traction (MPa)	200-250
Résistance à la compression (MPa)	1900-2000
Module d'Young (GPa)	380

Tableau 3 : Propriétés de l'alumine.

CONGRES ET PUBLICATIONS :

EUROCORR 2009 : The European Corrosion Congress, 6 - 10 September 2009, Nice, France.

JIFT 2010 : 22èmes Journées Internationales et Francophones de Tribologie Modélisation du contact et de l'usure, les 27 et 28 mai 2010 à Albi : Approche Tribocorrosion des biomatériaux nanostructurés pour applications biomédicales, S. Jelliti, C. Richard, D. Retraint.

JMC12 : Journées de la Matière Condensée, Troyes du 23 au 27 août 2010, Tribocorrosion des alliages de titane et des aciers inoxydables dans une solution de Ringer pour applications biomédicales, S. Jelliti, C. Richard, D. Retraint.

Ti 2011 : The 12th world conference on Titanium, June 19-24 in China, Electrochemical Studies on the Stability and Corrosion Resistance of Ti-6Al-4V Alloy for Biomedical Applications, Jelliti Sami, Richard Caroline, Retraint Delphine, Demangel Clémence, Landoulsi Jessem.

www.ingramcontent.com/pod-product-compliance
Lightning Source LLC
Chambersburg PA
CBHW021036210326
41598CB00016B/1038